PREFACE 머리말

"개정 법령과 출제경향 변경에 따른 맞춤 전략으로 위험물산업기사 시험 정복"

2025년 위험물산업기사 실기 시험부터 개정 법령에 따른 위험물 명칭의 변경으로 용어에 대한 정확한 이해와 암기가 더욱 중요해졌습니다. 이러한 출제경향의 변화를 완벽하게 반영한 본 교재는 수험생들을 위한 최신 정보와 합격 전략을 담고 있으며, 변경된 출제 방향 등을 충분하게 숙지하고 실전에서 유연하게 대처할 수 있도록 알차게 구성하였습니다.

위험물산업기사 실기 시험은 이제 단순한 암기를 넘어서, 위험물의 특성 및 취급 시 필요한 안전조치에 대한 실질적 이해를 강조하고 있습니다. 이는 실무에서 직면할 수 있는 다양한 상황에 효과적으로 대응할 수 있는 능력을 평가하기 위한 것으로, 위험물 반응식부터 위험물 관련 법령에 이르기까지 모든 지식을 폭넓게 이해하고 완벽하게 내 것으로 만드는 것이 무엇보다 중요한 이유입니다.

위험물산업기사 실기 시험 합격을 위한 효과적인 학습방법을 정리하면 다음과 같습니다.

첫째, 이론 학습
모든 주제에 대해 체계적이고 깊이 있게 학습해야 합니다. 개정된 법령 내용을 숙지하고 변경된 명칭에 주의하면서 학습하는 것이 중요합니다.

둘째, 실습 연습
가능한 많은 실습 문제를 풀어봐야 합니다. 특히, 최근 시험에서 자주 출제된 부분과 안전조치 관련 문제를 집중적으로 연습합니다.

셋째, 기출문제
최근 5개년 기출문제를 반복적으로 풀어보면서 출제경향을 파악한 후, 답안 작성 능력을 강화하고 발전시키도록 합니다.

위험물산업기사 실기 시험의 합격률은 평균 45%로, 도전할 가치가 있는 시험입니다. 수험생 여러분들이 합격하는 마지막 순간까지 포기하지 않고 지속적으로 노력한다면, 합격의 기쁨은 반드시 찾아올 것입니다.
수험생 여러분의 합격을 진심으로 기원합니다!

편저자 김연진

GUIDE 위험물산업기사 시험정보

위험물산업기사란?

- **자격명:** 위험물산업기사
- **영문명:** Industrial Engineer Hazardous material
- **관련부처:** 소방청
- **시행기관:** 한국산업인력공단
- **수행직무:** 소방법시행령에 규정된 위험물의 저장, 제조, 취급소에서 위험물을 안전하도록 취급하고 일반작업자를 지시·감독하며, 각 설비 및 시설에 대한 안전점검 실시, 재해발생 시 응급조치 실시 등 위험물에 대한 보안, 감독 업무 수행

위험물산업기사 취득방법

구분		내용
시험과목	필기	물질의 물리·화학적 성질, 화재예방과 소화방법, 위험물의 성상 및 취급
	실기	위험물 취급 실무
검정방법	필기	객관식 4지 택일형, 과목당 20문항(과목당 30분)
	실기	필답형(2시간, 100점)
합격기준	필기	100점을 만점으로 하여 과목당 40점 이상, 전과목 평균 60점 이상
	실기	100점을 만점으로 하여 60점 이상

위험물산업기사 합격률

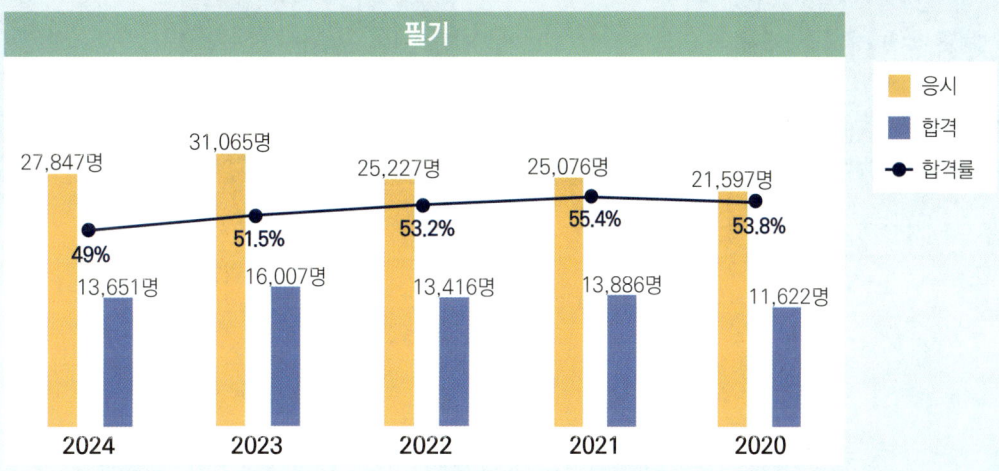

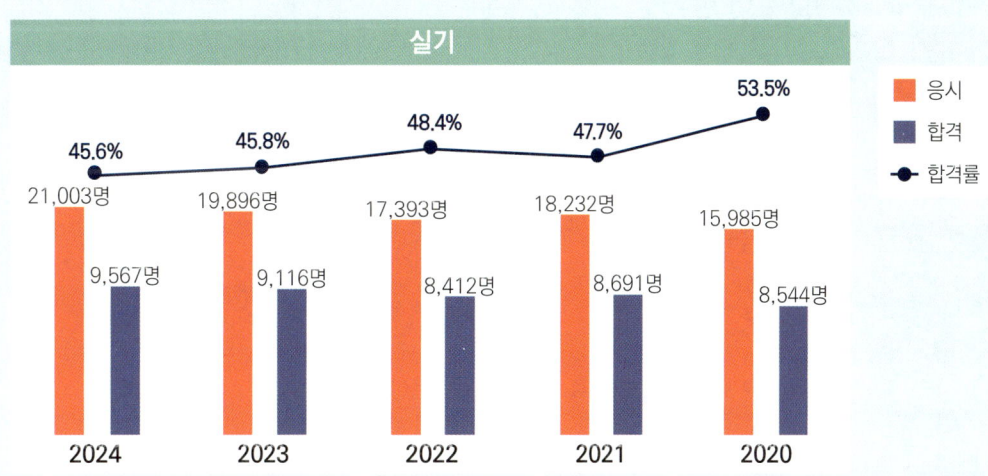

GUIDE 위험물산업기사 실기 출제기준

직무분야	화학	중직무분야	위험물	자격종목	위험물산업기사	적용기간	2025.01.01.~ 2029.12.31.
실기검정방법		필답형		시험시간		2시간 정도	

실기과목명	주요항목	세부항목
위험물 취급 실무	1. 제4류 위험물 취급	1. 성상·유해성 조사하기
		2. 저장방법 확인하기
		3. 취급방법 파악하기
		4. 소화방법 수립하기
	2. 제1류, 제6류 위험물 취급	1. 성상·유해성 조사하기
		2. 저장방법 확인하기
		3. 취급방법 파악하기
		4. 소화방법 수립하기
	3. 제2류, 제5류 위험물 취급	1. 성상·유해성 조사하기
		2. 저장방법 확인하기
		3. 취급방법 파악하기
		4. 소화방법 수립하기
	4. 제3류 위험물 취급	1. 성상·유해성 조사하기
		2. 저장방법 확인하기
		3. 취급방법 파악하기
		4. 소화방법 수립하기
	5. 위험물 운송·운반시설 기준 파악	1. 운송기준 파악하기
		2. 운송시설 파악하기
		3. 운반기준 파악하기
		4. 운반시설 파악하기

실기과목명	주요항목	세부항목
위험물 취급 실무	6. 위험물 안전계획 수립	1. 위험물 저장·취급계획 수립하기
		2. 시설 유지관리계획 수립하기
		3. 교육훈련계획 수립하기
		4. 위험물 안전감독계획 수립하기
		5. 사고대응 매뉴얼 작성하기
	7. 위험물 화재예방·소화방법	1. 위험물 화재예방 방법 파악하기
		2. 위험물 화재예방 계획 수립하기
		3. 위험물 소화방법 파악하기
		4. 위험물 소화방법 수립하기
	8. 위험물 제조소 유지관리	1. 제조소의 시설기술기준 조사하기
		2. 제조소의 위치 점검하기
		3. 제조소의 구조 점검하기
		4. 제조소의 설비 점검하기
		5. 제조소의 소방시설 점검하기
	9. 위험물 저장소 유지관리	1. 저장소의 시설기술기준 조사하기
		2. 저장소의 위치 점검하기
		3. 저장소의 구조 점검하기
		4. 저장소의 설비 점검하기
		5. 저장소의 소방시설 점검하기
	10. 위험물 취급소 유지관리	1. 취급소의 시설기술기준 조사하기
		2. 취급소의 위치 점검하기
		3. 취급소의 구조 점검하기
		4. 취급소의 설비 점검하기
		5. 취급소의 소방시설 점검하기
	11. 위험물행정처리	1. 예방규정 작성하기
		2. 허가신청하기
		3. 신고서류 작성하기
		4. 안전관리 인력관리하기

GUIDE 구성과 특징

✅ CHECK 손글씨 핵심요약

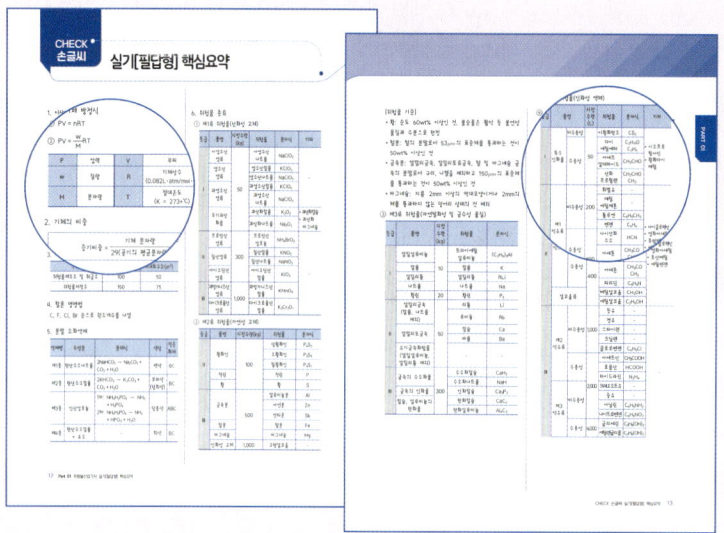

Point 1
꼭 알아야 할 중요 핵심이론을 눈이 편한 손글씨로 완벽 정리

Point 2
필답형 실기시험 대비에 효과적인 집중 학습 가능

✅ 실기[필답형] 기출복원문제

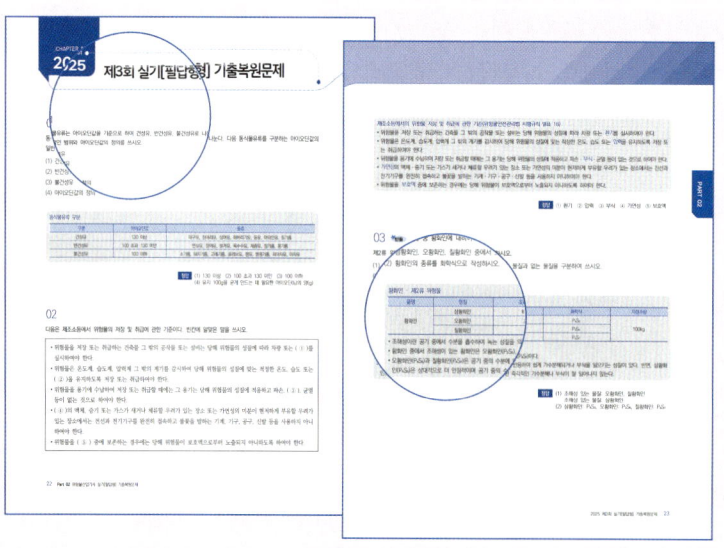

Point 1
2021년~2025년까지 5개년 총 15회차 실기[필답형] 기출복원문제 제공

Point 2
출제된 필답형 문제의 핵심 해결 포인트를 설명한 해설로 실전 대비

✅ 실기[필답형] 모의고사

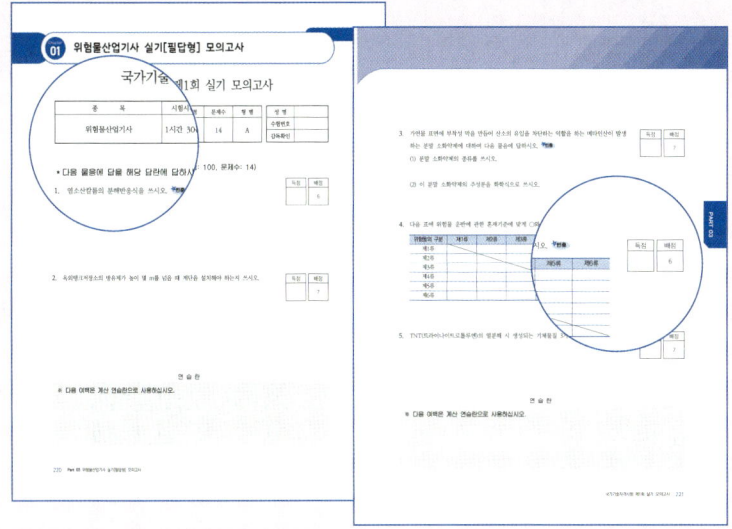

▍Point 1
실제 위험물산업기사 실기[필답형] 문제형식의 실전 테스트로 최종점검

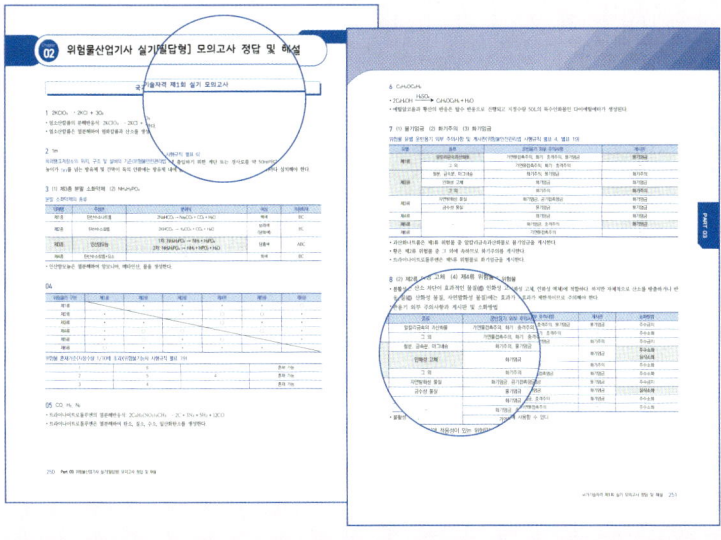

▍Point 2
문제와 해설을 분리하여 문제풀이 후 보충할 부분을 확인하고 최종마무리

GUIDE 개정 용어 정리표

위험물안전관리법령 주요 개정사항 정리표

화학 관련 주요 개정용어

개정 전 용어	개정 후 용어	개정 전 용어	개정 후 용어
브롬	브로민	히-	하이-
망간	망가니즈	디-	다이-
과망간산칼륨	과망가니즈산칼륨	트리-	트라이-
요오드	아이오딘	니트로-	나이트로-
유황	황	에테르	에터
황화린	황화인	에스테르	에스터
크롬	크로뮴	메탄	메테인
중크롬산염류	다이크로뮴산염류	에탄	에테인
시안화수소	사이안화수소	프로판	프로페인
알데히드	알데하이드	불소	플루오린
염소화이소시아눌산	염소화아이소사이아누르산	할로겐	할로젠
클레오소트유	크레오소트유	할론	하론
갑종방화문	60분+방화문, 60분방화문	을종방화문	30분방화문

제5류 위험물 개정사항(2024.4.30. 기준)

개정 전		개정 후	
1. 유기과산화물	10킬로그램	1. 유기과산화물	제1종: 10킬로그램 제2종: 100킬로그램
2. 질산에스테르류	10킬로그램	2. 질산에스터류	
3. 니트로화합물	200킬로그램	3. 나이트로화합물	
4. 니트로소화합물	200킬로그램	4. 나이트로소화합물	
5. 아조화합물	200킬로그램	5. 아조화합물	
6. 디아조화합물	200킬로그램	6. 다이아조화합물	
7. 히드라진 유도체	200킬로그램	7. 하이드라진 유도체	
8. 히드록실아민	100킬로그램	8. 하이드록실아민	
9. 히드록실아민염류	100킬로그램	9. 하이드록실아민염류	
10. 그 밖에 행정안전부령으로 정하는 것	10킬로그램, 100킬로그램 또는 200킬로그램	10. 그 밖에 행정안전부령으로 정하는 것	
11. 제1호 내지 제10호의 1에 해당하는 어느 하나 이상을 함유한 것		11. 제1호부터 제10호까지의 어느 하나에 해당하는 위험물을 하나 이상 함유한 것	

CONTENTS 목차

Study check 표 활용법
스스로 학습 계획을 세워서 체크하는 과정을 통해 학습자의 학습능률을 향상시키기 위해 구성하였습니다.
각 단원의 학습을 완료할 때마다 날짜를 기입하고 체크하여, 자신만의 3회독 플래너를 완성시켜보세요.

PART 01 위험물산업기사 실기[필답형] 핵심요약

		Study Day		
		1st	2nd	3rd
CHECK 손글씨 실기[필답형] 핵심요약	12			

PART 02 위험물산업기사 실기[필답형] 기출복원문제

			Study Day						Study Day		
			1st	2nd	3rd				1st	2nd	3rd
01	2025 제3회 실기[필답형] 기출복원문제	22				09	2023 제1회 실기[필답형] 기출복원문제	124			
02	2025 제2회 실기[필답형] 기출복원문제	35				10	2022 제4회 실기[필답형] 기출복원문제	138			
03	2025 제1회 실기[필답형] 기출복원문제	47				11	2022 제2회 실기[필답형] 기출복원문제	152			
04	2024 제3회 실기[필답형] 기출복원문제	60				12	2022 제1회 실기[필답형] 기출복원문제	167			
05	2024 제2회 실기[필답형] 기출복원문제	72				13	2021 제4회 실기[필답형] 기출복원문제	180			
06	2024 제1회 실기[필답형] 기출복원문제	84				14	2021 제2회 실기[필답형] 기출복원문제	192			
07	2023 제4회 실기[필답형] 기출복원문제	97				15	2021 제1회 실기[필답형] 기출복원문제	206			
08	2023 제2회 실기[필답형] 기출복원문제	110									

PART 03 위험물산업기사 실기[필답형] 모의고사

			Study Day		
			1st	2nd	3rd
01	위험물산업기사 실기[필답형] 모의고사	220			
02	위험물산업기사 실기[필답형] 모의고사 정답 및 해설	250			

위험물 산업기사 실기

PART 01

위험물산업기사 실기[필답형] 핵심요약

CHECK 손글씨 실기[필답형] 핵심요약

실기[필답형] 핵심요약

1. 이상기체 방정식

① $PV = nRT$

② $PV = \dfrac{w}{M}RT$

P	압력	V	부피
w	질량	R	기체상수 (0.082L·atm/mol·K)
M	분자량	T	절대온도 (K = 273+℃)

2. 기체의 비중

$$증기비중 = \dfrac{기체\ 분자량}{29(공기의\ 평균분자량)}$$

3. 소요단위(연면적)

구분	내화구조(m^2)	비내화구조(m^2)
위험물제조소 및 취급소	100	50
위험물저장소	150	75

4. 할론 명명법

C, F, Cl, Br 순으로 원소개수를 나열

5. 분말 소화약제

약제명	주성분	분해식	색상	적응화재
제1종	탄산수소나트륨	$2NaHCO_3 \rightarrow Na_2CO_3 + CO_2 + H_2O$	백색	BC
제2종	탄산수소칼륨	$2KHCO_3 \rightarrow K_2CO_3 + CO_2 + H_2O$	보라색 (담회색)	BC
제3종	인산암모늄	1차: $NH_4H_2PO_4 \rightarrow NH_3 + H_3PO_4$ 2차: $NH_4H_2PO_4 \rightarrow NH_3 + HPO_3 + H_2O$	담홍색	ABC
제4종	탄산수소칼륨 + 요소	-	회색	BC

6. 위험물 종류

① 제1류 위험물(산화성 고체)

등급	품명	지정수량 (kg)	위험물	분자식	기타
I	아염소산염류	50	아염소산나트륨	$NaClO_2$	-
I	염소산염류	50	염소산칼륨	$KClO_3$	-
I	염소산염류	50	염소산나트륨	$NaClO_3$	-
I	과염소산염류	50	과염소산칼륨	$KClO_4$	-
I	과염소산염류	50	과염소산나트륨	$NaClO_4$	-
I	무기과산화물	50	과산화칼륨	K_2O_2	• 과산화칼슘 • 과산화마그네슘
I	무기과산화물	50	과산화나트륨	Na_2O_2	
II	브로민산염류	300	브로민산암모늄	NH_4BrO_3	-
II	질산염류	300	질산칼륨	KNO_3	-
II	질산염류	300	질산나트륨	$NaNO_3$	-
II	아이오딘산염류	300	아이오딘산칼륨	KIO_3	-
III	과망가니즈산염류	1,000	과망가니즈산칼륨	$KMnO_4$	-
III	다이크로뮴산염류	1,000	다이크로뮴산칼륨	$K_2Cr_2O_7$	-

② 제2류 위험물(가연성 고체)

등급	품명	지정수량(kg)	위험물	분자식
II	황화인	100	삼황화인	P_4S_3
II	황화인	100	오황화인	P_2S_5
II	황화인	100	칠황화인	P_4S_7
II	적린	100	적린	P
II	황	100	황	S
III	금속분	500	알루미늄분	Al
III	금속분	500	아연분	Zn
III	금속분	500	안티몬	Sb
III	철분	500	철분	Fe
III	마그네슘	500	마그네슘	Mg
III	인화성 고체	1,000	고형알코올	-

[위험물 기준]
- 황: 순도 60wt% 이상인 것, 불순물은 활석 등 불연성 물질과 수분으로 한정
- 철분: 철의 분말로서 53μm의 표준체를 통과하는 것이 50wt% 이상인 것
- 금속분: 알칼리금속, 알칼리토류금속, 철 및 마그네슘 금속의 분말로서 구리, 니켈을 제외하고 150μm의 표준체를 통과하는 것이 50wt% 이상인 것
- 마그네슘: 지름 2mm 이상의 막대모양이거나 2mm의 체를 통과하지 않는 덩어리 상태의 것 제외

③ 제3류 위험물(자연발화성 및 금수성 물질)

등급	품명	지정수량(kg)	위험물	분자식
I	알킬알루미늄	10	트라이에틸알루미늄	$(C_2H_5)_3Al$
	칼륨		칼륨	K
	알킬리튬		알킬리튬	RLi
	나트륨		나트륨	Na
	황린	20	황린	P_4
II	알칼리금속(칼륨, 나트륨 제외)	50	리튬	Li
			루비듐	Rb
	알칼리토금속		칼슘	Ca
			바륨	Ba
	유기금속화합물(알킬알루미늄, 알킬리튬 제외)		-	-
III	금속의 수소화물	300	수소화칼슘	CaH_2
			수소화나트륨	NaH
	금속의 인화물		인화칼슘	Ca_3P_2
	칼슘, 알루미늄의 탄화물		탄화칼슘	CaC_2
			탄화알루미늄	Al_4C_3

④ 제4류 위험물(인화성 액체)

등급	품명	지정수량(L)	위험물	분자식	기타
I	특수인화물	50	비수용성 이황화탄소	CS_2	• 이소프로필아민 • 황화다이메틸
			다이에틸에터	$C_2H_5OC_2H_5$	
			수용성 아세트알데하이드	CH_3CHO	
			산화프로필렌	CH_2CHOCH_3	
II	제1석유류	200	비수용성 휘발유	-	• 사이클로헥산 • 염화아세틸 • 초산메틸 • 에틸벤젠
			메틸에틸케톤	-	
			톨루엔	$C_6H_5CH_3$	
			벤젠	C_6H_6	
		400	수용성 사이안화수소	HCN	
			아세톤	CH_3COCH_3	
			피리딘	C_5H_5N	
	알코올류		메틸알코올	CH_3OH	
			에틸알코올	C_2H_5OH	
III	제2석유류	1,000	비수용성 등유	-	-
			경유	-	
			스타이렌	-	
			크실렌	-	
			클로로벤젠	C_6H_5Cl	
		2,000	수용성 아세트산	CH_3COOH	
			포름산	HCOOH	
			하이드라진	N_2H_4	
	제3석유류	2,000	비수용성 크레오소트유	-	
			중유	-	
			아닐린	$C_6H_5NH_2$	
			나이트로벤젠	$C_6H_5NO_2$	
		4,000	수용성 글리세린	$C_3H_5(OH)_3$	
			에틸렌글리콜	$C_2H_4(OH)_2$	

	제4석유류	6,000	윤활유	-
			기어유	
			실린더유	
	동식물유류	10,000	대구유	-
			정어리유	
			해바라기유	
			들기름	
			아마인유	

[위험물 기준]
- 특수인화물: 이황화탄소, 다이에틸에터 그 밖에 1기압에서 발화점이 섭씨 100도 이하인 것 또는 인화점이 섭씨 영하 20도 이하이고 비점이 섭씨 40도 이하인 것
- 제1석유류: 아세톤, 휘발유 그 밖에 1기압에서 인화점이 섭씨 21도 미만인 것
- 제2석유류: 등유, 경유 그 밖에 1기압에서 인화점이 섭씨 21도 이상 70도 미만인 것
- 제3석유류: 중유, 크레오소트유, 그 밖에 1기압에서 인화점이 섭씨 70도 이상 섭씨 200도 미만인 것을 말한다. 다만, 도료류 그 밖의 물품은 가연성 액체량이 40중량퍼센트 이하인 것은 제외한다.
- 제4석유류: 기어유, 실린더유 그 밖에 1기압에서 인화점이 섭씨 200도 이상 섭씨 250도 미만의 것을 말한다. 다만 도료류 그 밖의 물품은 가연성 액체량이 40중량퍼센트 이하인 것은 제외한다.

[동식물유류 종류]

구분	아이오딘값	불포화도	종류
건성유	130 이상	큼	대구유, 정어리유, 상어유, 해바라기유, 동유, 아마인유, 들기름
반건성유	100 초과 130 미만	중간	면실유, 청어유, 쌀겨유, 옥수수유, 채종유, 참기름, 콩기름
불건성유	100 이하	작음	소기름, 돼지기름, 고래기름, 올리브유, 팜유, 땅콩기름, 피마자유, 야자유

⑤ 제5류 위험물(자기반응성 물질)

등급	품명	지정수량(kg) 제1종: 10kg 제2종: 100kg	위험물	분자식	기타
I	질산에스터류	종 판단 필요	질산메틸	CH_3ONO_2	-
			질산에틸	$C_2H_5ONO_2$	
		10	나이트로글리세린	$C_3H_5(ONO_2)_3$	-
			나이트로글리콜		
			나이트로셀룰로오스	-	
		100	셀룰로이드		
	유기과산화물	100	과산화벤조일	-	-
			아세틸퍼옥사이드		
	하이드록실아민	100		NH_2OH	-
	하이드록실아민염류			-	
II	나이트로화합물	10	트라이나이트로톨루엔	$C_6H_2(NO_2)_3CH_3$	• 다이나이트로벤젠 • 다이나이트로톨루엔
			트라이나이트로페놀	$C_6H_2(NO_2)_3OH$	
			테트릴		
	나이트로소화합물	100	-		
	아조화합물	10	1H-Tetrazol-5-amine 등	-	-
		종 판단 필요	아자이드화납 등		
		100	아조비스이소부티로니트릴 등		
	다이아조화합물	종 판단 필요			
	하이드라진유도체	100			
	질산구아니딘	종 판단 필요			

[상온 중 액체 또는 고체인 위험물 품명]

품명	위험물	상태
질산 에스터류	질산메틸 질산에틸 나이트로글리콜 나이트로글리세린	액체
	나이트로셀룰로오스 셀룰로이드	고체
나이트로화합물	트라이나이트로톨루엔 트라이나이트로페놀 다이나이트로벤젠 테트릴	고체

[트라이나이트로페놀과 트라이나이트로톨루엔의 구조식]

트라이나이트로페놀 [$C_6H_2(NO_2)_3OH$]	트라이나이트로톨루엔 [$C_6H_2(NO_2)_3CH_3$]

⑥ 제6류 위험물(산화성 액체)

등급	위험물	지정수량(kg)	분자식	기타
I	질산	300	HNO_3	-
	과산화수소		H_2O_2	-
	과염소산		$HClO_4$	
	할로젠간 화합물		BrF_3	삼플루오린화브로민
			BrF_5	오플루오린화브로민
			IF_5	오플루오린화아이오딘

[위험물 기준]
- 질산 ⇒ 비중 1.49 이상
- 과산화수소 ⇒ 농도 36wt% 이상

7. 위험물별 특징

① 위험물별 피복 유형

위험물	종류	피복
제1류	알칼리금속과산화물	방수성, 차광성
	그 외	차광성
제2류	철분, 금속분, 마그네슘	방수성
제3류	자연발화성 물질	차광성
	금수성 물질	방수성
제4류	특수인화물	차광성
제5류	-	차광성
제6류		차광성

② 위험물별 유별 주의사항과 게시판

유별	종류	운반용기 외부 주의사항	게시판
제1류	알칼리금속 과산화물	가연물접촉주의, 화기·충격주의, 물기엄금	물기엄금
	그 외	가연물접촉주의, 화기·충격주의	-
제2류	철분, 금속분, 마그네슘	화기주의, 물기엄금	화기주의
	인화성 고체	화기엄금	화기엄금
	그 외	화기주의	화기주의
제3류	자연발화성 물질	화기엄금, 공기접촉엄금	화기엄금
	금수성 물질	물기엄금	물기엄금
제4류		화기엄금	화기엄금
제5류	-	화기엄금, 충격주의	화기엄금
제6류		가연물접촉주의	-

③ 게시판 종류 및 바탕, 문자색

종류	바탕색	문자색
위험물제조소	백색	흑색
위험물	흑색	황색
주유 중 엔진정지	황색	흑색
화기엄금	적색	백색
물기엄금	청색	백색

④ 혼재 가능한 위험물(단, 지정수량의 1/10배를 초과하는 경우)

1	6		혼재 가능
2	5	4	혼재 가능
3	4		혼재 가능

8. 안전거리

구분	거리
사용전압 7,000V 초과 35,000V 이하의 특고압 가공전선	3m 이상
사용전압 35,000V 초과의 특고압 가공전선	5m 이상
주거용으로 사용	10m 이상
고압가스, 액화석유가스, 도시가스를 저장, 취급하는 시설	20m 이상
• 학교, 병원급 의료기관 • 공연장, 영화상영관 및 그 밖에 이와 유사한 시설로서 수용인원 300명 이상인 것 • 아동복지시설, 노인복지시설, 장애인복지시설, 한부모가족복지시설, 어린이집, 성매매피해자등을 위한 지원시설, 정신건강증진시설, 보호시설 및 그 밖에 이와 유사한 시설로서 수용인원 20명 이상인 것	30m 이상
지정문화유산 및 천연기념물 등	50m 이상

9. 환기설비 바닥면적 $150m^2$ 미만인 경우 급기구 면적

바닥면적	급기구 면적
$60m^2$ 미만	$150cm^2$ 이상
$60m^2$ 이상 $90m^2$ 미만	$300cm^2$ 이상
$90m^2$ 이상 $120m^2$ 미만	$450cm^2$ 이상
$120m^2$ 이상 $150m^2$ 미만	$600cm^2$ 이상

10. 보유공지

① 옥외탱크저장소

위험물의 최대수량	공지의 너비
지정수량의 500배 이하	3m 이상
지정수량의 500배 초과 1,000배 이하	5m 이상
지정수량의 1,000배 초과 2,000배 이하	9m 이상
지정수량의 2,000배 초과 3,000배 이하	12m 이상
지정수량의 3,000배 초과 4,000배 이하	15m 이상
지정수량의 4,000배 초과	탱크의 수평단면의 최대지름과 높이 중 큰 것 이상 ① 소: 15m 이상 ② 대: 30m 이하

② 옥내저장소

위험물 최대수량	공지의 너비	
	벽, 기둥 및 바닥: 내화구조	그 밖의 건축물
지정수량의 5배 이하	-	0.5m 이상
지정수량의 5배 초과 10배 이하	1m 이상	1.5m 이상
지정수량의 10배 초과 20배 이하	2m 이상	3m 이상
지정수량의 20배 초과 50배 이하	3m 이상	5m 이상
지정수량의 50배 초과 200배 이하	5m 이상	10m 이상
지정수량의 200배 초과	10m 이상	15m 이상

③ 위험물제조소

취급하는 위험물의 최대수량	공지의 너비
지정수량의 10배 이하	3m 이상
지정수량의 10배 초과	5m 이상

11. 각 저장소 구조 및 설비 기준

옥외탱크 저장소	• 방유제는 높이 0.5m 이상 3m 이하, 두께 0.2m 이상, 지하매설깊이 1m 이상으로 할 것 • 방유제 내의 면적은 8만m^2 이하로 할 것 • 방유제 내에 설치하는 옥외저장탱크의 수는 10(방유제 내에 설치하는 모든 옥외저장탱크의 용량이 20만L 이하이고, 당해 옥외저장탱크에 저장 또는 취급하는 위험물의 인화점이 70°C 이상 200°C 미만인 경우에는 20) 이하로 할 것
옥내탱크 저장소	• 옥내저장탱크와 탱크전용실의 벽과의 사이 및 옥내저장탱크의 상호 간에는 0.5m 이상의 간격을 유지할 것(다만, 탱크의 점검 및 보수에 지장이 없는 경우에는 그러하지 아니함) • 옥내저장탱크의 용량(동일한 탱크전용실에 옥내저장탱크를 2 이상 설치하는 경우에는 각 탱크의 용량의 합계)은 지정수량의 40배(제4석유류 및 동식물유류 외의 제4류 위험물에 있어서 당해 수량이 20,000L를 초과할 때에는 20,000L) 이하일 것

이동탱크 저장소	• 이동저장탱크는 그 내부에 4,000L 이하마다 3.2mm 이상의 강철판 또는 이와 동등 이상의 강도·내열성 및 내식성이 있는 금속성의 것으로 칸막이를 설치하여야 함(다만, 고체인 위험물을 저장하거나 고체인 위험물을 가열하여 액체 상태로 저장하는 경우에는 그러하지 아니함) • 위 규정에 의한 칸막이로 구획된 각 부분마다 맨홀과 위험물안전관리법령에 의한 안전장치 및 방파판을 설치하여야 함 • 안전장치상용압력이 20kPa 이하인 탱크에 있어서는 20kPa 이상 24kPa 이하의 압력에서, 상용압력이 20kPa를 초과하는 탱크에 있어서는 상용압력의 1.1배 이하의 압력에서 작동하는 것으로 할 것
간이탱크 저장소	• 하나의 간이탱크저장소에 설치하는 간이저장탱크는 그 수를 3 이하로 하고, 동일한 품질의 위험물의 간이저장탱크를 2 이상 설치하지 아니하여야 함 • 간이저장탱크의 용량은 600L 이하이어야 함 • 간이저장탱크는 두께 3.2mm 이상의 강판으로 흠이 없도록 제작하여야 하며, 70kPa의 압력으로 10분간의 수압시험을 실시하여 새거나 변형되지 아니하여야 함
지하저장 탱크	• 지하저장탱크는 용량에 따라 기준에 적합하게 강철판 또는 동등 이상의 성능이 있는 금속재질로 완전용입용접 또는 양면겹침이음용접으로 틈이 없도록 만드는 동시에, 압력탱크(최대상용압력이 46.7kPa 이상인 탱크) 외의 탱크에 있어서는 70kPa의 압력으로, 압력탱크에 있어서는 최대상용압력의 1.5배의 압력으로 각각 10분간 수압시험을 실시하여 새거나 변형되지 아니하여야 함) • 이 경우 수압시험은 소방청장이 정하여 고시하는 기밀시험과 비파괴시험을 동시에 실시하는 방법으로 대신할 수 있음

12. 판매취급소

① 점포에서 위험물을 용기에 담아 판매하기 위해 지정수량의 40배 이하의 위험물을 취급하는 장소를 뜻함

② 저장 또는 취급하는 위험물의 수량에 따라 제1종(지정수량 20배 이하)과 제2종(지정수량 40배 이하)으로 구분

13. 탱크의 용적산정기준

① 횡으로 설치한 것(원통형 탱크)

$$V = \pi r^2 (l + \frac{l_1 + l_2}{3})(1 - 공간용적)$$

② 종으로 설치한 것(원통형 탱크)

$$V = \pi r^2 l$$

③ 양쪽이 볼록한 타원형 탱크의 내용적

$$\frac{\pi ab}{4}(l + \frac{l_1 + l_2}{3})$$

14. 아세트알데하이드등의 저장기준

보냉장치 있는 경우	보냉장치 없는 경우
이동저장탱크에 저장하는 아세트알데하이드등의 온도는 당해 위험물의 비점 이하로 유지할 것	이동저장탱크에 저장하는 아세트알데하이드등의 온도는 40℃ 이하로 유지할 것

15. 위험물운송자가 장거리 운송을 할 때에 2명 이상의 운전자로 하지 않아도 되는 경우

① 운전책임자의 동승
   운송책임자가 별도의 사무실이 아닌 이동탱크저장소에 함께 동승한 경우(운송책임자가 운전자의 역할을 하지 않아야 함)

② 운송위험물의 위험성이 낮은 경우
   운송하는 위험물이 제2류 위험물, 제3류 위험물(칼슘 또는 알루미늄의 탄화물과 이것만을 함유한 것), 제4류 위험물(특수인화물 제외)인 경우

③ 적당한 휴식을 취하는 경우
   운송 도중에 2시간 이내마다 20분 이상씩 휴식하는 경우

16. 자체소방대

제조소 또는 일반취급소에서 취급하는 제4류 위험물의 최대수량 합	화학소방 자동차 (대)	자체 소방대원 수 (인)
지정수량의 3천배 이상 12만배 미만인 사업소	1	5
지정수량의 12만배 이상 24만배 미만인 사업소	2	10
지정수량의 24만배 이상 48만배 미만인 사업소	3	15
지정수량의 48만배 이상인 사업소	4	20
옥외탱크저장소에 저장하는 제4류 위험물의 최대수량이 지정수량의 50만배 이상인 사업소	2	10

17. 시험문제에 자주 나오는 위험물 화학반응식

① 탄화알루미늄과 물의 반응식
- $Al_4C_3 + 12H_2O \rightarrow 4Al(OH)_3 + 3CH_4$
- 탄화알루미늄은 물과 반응하여 수산화알루미늄과 메탄을 발생

② 알루미늄분과 물의 반응식
- $2Al + 6H_2O \rightarrow 2Al(OH)_3 + 3H_2$
- 알루미늄분은 물과 반응하여 수산화알루미늄과 수소를 발생

③ 탄화칼슘과 물의 반응식
- $CaC_2 + 2H_2O \rightarrow Ca(OH)_2 + C_2H_2$
- 탄화칼슘은 물과 반응하여 수산화칼슘과 아세틸렌을 발생

④ 인화칼슘과 물의 반응식
- $Ca_3P_2 + 6H_2O \rightarrow 3Ca(OH)_2 + 2PH_3$
- 인화칼슘은 물과 반응하여 수산화칼슘과 포스핀가스를 발생

⑤ 황린의 연소반응식
- $P_4 + 5O_2 \rightarrow 2P_2O_5$
- 황린은 연소하여 오산화인을 생성

⑥ 적린의 연소반응식
- $4P + 5O_2 \rightarrow 2P_2O_5$
- 적린은 연소하여 오산화인을 생성

⑦ 벤젠의 연소반응식
- $2C_6H_6 + 15O_2 \rightarrow 12CO_2 + 6H_2O$
- 벤젠은 연소하여 이산화탄소와 물을 생성

⑧ 이황화탄소와 물의 반응식
- $CS_2 + 2H_2O \rightarrow CO_2 + 2H_2S$
- 이황화탄소는 물과 반응하여 이산화탄소와 황화수소를 발생

⑨ 과산화나트륨과 물의 반응식
- $2Na_2O_2 + 2H_2O \rightarrow 4NaOH + O_2$
- 과산화나트륨은 물과 반응하여 수산화나트륨과 산소를 발생

⑩ 과산화칼륨과 물의 반응식
- $2K_2O_2 + 2H_2O \rightarrow 4KOH + O_2$
- 과산화칼륨은 물과 반응하여 수산화칼륨과 산소를 발생

⑪ 삼황화인의 연소반응식
- $P_4S_3 + 8O_2 \rightarrow 2P_2O_5 + 3SO_2$
- 삼황화인은 연소하여 오산화인과 이산화황을 생성

⑫ 오황화인의 연소반응식
- $2P_2S_5 + 15O_2 \rightarrow 2P_2O_5 + 10SO_2$
- 오황화인은 연소하여 오산화인과 이산화황을 생성

⑬ 트라이메틸알루미늄의 연소반응식
- $2(CH_3)_3Al + 12O_2 \rightarrow Al_2O_3 + 6CO_2 + 9H_2O$
- 트라이메틸알루미늄은 연소하여 산화알루미늄, 이산화탄소, 물을 생성

⑭ 트라이에틸알루미늄과 물의 반응식
- $(C_2H_5)_3Al + 3H_2O \rightarrow Al(OH)_3 + 3C_2H_6$
- 트라이에틸알루미늄은 물과 반응하여 수산화알루미늄과 에탄을 발생

⑮ 칼륨과 에틸알코올의 반응식
- $2K + 2C_2H_5OH \rightarrow 2C_2H_5OK + H_2$
- 칼륨은 에틸알코올과 반응하여 칼륨에틸레이트와 수소를 발생

⑯ 아염소산나트륨의 열분해반응식
- $NaClO_2 \rightarrow NaCl + O_2$
- 아염소산나트륨은 완전열분해하여 염화나트륨과 산소를 방출

⑰ 염소산칼륨의 분해반응식

- $2KClO_3 \rightarrow 2KCl + 3O_2$
- 염소산칼륨은 분해되어 염화칼륨과 산소를 생성

⑱ 마그네슘의 연소반응식

- $2Mg + O_2 \rightarrow 2MgO$
- 마그네슘은 연소하여 산화마그네슘을 생성

⑲ 마그네슘과 물의 반응식

- $Mg + 2H_2O \rightarrow Mg(OH)_2 + H_2$
- 마그네슘은 물과 반응하여 수산화마그네슘과 수소를 발생

⑳ 수소화칼슘과 물의 반응식

- $CaH_2 + 2H_2O \rightarrow Ca(OH)_2 + 2H_2$
- 수소화칼슘은 물과 반응하여 수산화칼슘과 수소를 발생

㉑ 인화알루미늄과 물의 반응식

- $AlP + 3H_2O \rightarrow Al(OH)_3 + PH_3$
- 인화알루미늄은 물과 반응하여 수산화알루미늄과 포스핀을 발생

㉒ 탄화리튬과 물의 반응식

- $Li_2C_2 + 2H_2O \rightarrow 2LiOH + C_2H_2$
- 탄화리튬은 물과 반응하여 수산화리튬과 아세틸렌을 발생

㉓ 아연과 물의 반응식

- $Zn + 2H_2O \rightarrow Zn(OH)_2 + H_2$
- 아연은 물과 반응하여 수산화아연과 수소를 발생

㉔ 아연과 염산의 반응식

- $Zn + 2HCl \rightarrow ZnCl_2 + H_2$
- 아연은 염산과 반응하여 염화아연과 수소를 발생

18. 시험문제에 자주 나오는 위험물별 인화점

위험물	인화점
톨루엔	4℃
아세톤	-18℃
벤젠	-11℃
다이에틸에터	-45℃
아세트산	40℃
아세트알데하이드	-38℃
에틸알코올	13℃
나이트로벤젠	88℃

위험물 산업기사 실기

PART 02

위험물산업기사 실기[필답형] 기출복원문제

Chapter 01~03 2025 실기[필답형] 기출복원문제
Chapter 04~06 2024 실기[필답형] 기출복원문제
Chapter 07~09 2023 실기[필답형] 기출복원문제
Chapter 10~12 2022 실기[필답형] 기출복원문제
Chapter 13~15 2021 실기[필답형] 기출복원문제

CHAPTER 01
2025 제3회 실기[필답형] 기출복원문제

01

동식물유류는 아이오딘값을 기준으로 하여 건성유, 반건성유, 불건성유로 나눈다. 다음 동식물유류를 구분하는 아이오딘값의 일반적인 범위와 아이오딘값의 정의를 쓰시오.

(1) 건성유
(2) 반건성유
(3) 불건성유
(4) 아이오딘값의 정의

동식물유류 구분

구분	아이오딘값	종류
건성유	130 이상	대구유, 정어리유, 상어유, 해바라기유, 동유, 아마인유, 들기름
반건성유	100 초과 130 미만	면실유, 청어유, 쌀겨유, 옥수수유, 채종유, 참기름, 콩기름
불건성유	100 이하	소기름, 돼지기름, 고래기름, 올리브유, 팜유, 땅콩기름, 피마자유, 야자유

정답 (1) 130 이상 (2) 100 초과 130 미만 (3) 100 이하
(4) 유지 100g을 굳게 만드는 데 필요한 아이오딘(I_2)의 양(g)

02

다음은 제조소등에서 위험물의 저장 및 취급에 관한 기준이다. 빈칸에 알맞은 말을 쓰시오.

- 위험물을 저장 또는 취급하는 건축물 그 밖의 공작물 또는 설비는 당해 위험물의 성질에 따라 차광 또는 (①)를 실시하여야 한다.
- 위험물은 온도계, 습도계, 압력계 그 밖의 계기를 감시하여 당해 위험물의 성질에 맞는 적정한 온도, 습도 또는 (②)을 유지하도록 저장 또는 취급하여야 한다.
- 위험물을 용기에 수납하여 저장 또는 취급할 때에는 그 용기는 당해 위험물의 성질에 적응하고 파손, (③), 균열 등이 없는 것으로 하여야 한다.
- (④)의 액체, 증기 또는 가스가 새거나 체류할 우려가 있는 장소 또는 가연성의 미분이 현저하게 부유할 우려가 있는 장소에서는 전선과 전기기구를 완전히 접속하고 불꽃을 발하는 기계, 기구, 공구, 신발 등을 사용하지 아니하여야 한다.
- 위험물을 (⑤) 중에 보존하는 경우에는 당해 위험물이 보호액으로부터 노출되지 아니하도록 하여야 한다.

제조소등에서의 위험물 저장 및 취급에 관한 기준(위험물안전관리법 시행규칙 별표 18)
- 위험물을 저장 또는 취급하는 건축물 그 밖의 공작물 또는 설비는 당해 위험물의 성질에 따라 차광 또는 환기를 실시하여야 한다.
- 위험물은 온도계, 습도계, 압력계 그 밖의 계기를 감시하여 당해 위험물의 성질에 맞는 적정한 온도, 습도 또는 압력을 유지하도록 저장 또는 취급하여야 한다.
- 위험물을 용기에 수납하여 저장 또는 취급할 때에는 그 용기는 당해 위험물의 성질에 적응하고 파손·부식·균열 등이 없는 것으로 하여야 한다.
- 가연성의 액체·증기 또는 가스가 새거나 체류할 우려가 있는 장소 또는 가연성의 미분이 현저하게 부유할 우려가 있는 장소에서는 전선과 전기기구를 완전히 접속하고 불꽃을 발하는 기계·기구·공구·신발 등을 사용하지 아니하여야 한다.
- 위험물을 보호액 중에 보존하는 경우에는 당해 위험물이 보호액으로부터 노출되지 아니하도록 하여야 한다.

정답 ① 환기 ② 압력 ③ 부식 ④ 가연성 ⑤ 보호액

03 빈출

제2류 위험물 중 황화인에 대하여 다음 물음에 답하시오.
(1) 삼황화인, 오황화인, 칠황화인 중에서 조해성이 있는 물질과 없는 물질을 구분하여 쓰시오.
(2) 황화인의 종류를 화학식으로 작성하시오.

황화인 - 제2류 위험물

품명	명칭	조해성 여부	화학식	지정수량
황화인	삼황화인	비조해성	P_4S_3	100kg
	오황화인	조해성	P_2S_5	
	칠황화인	조해성	P_4S_7	

- 조해성이란 공기 중에서 수분을 흡수하여 녹는 성질을 의미한다.
- 황화인 중에서 조해성이 있는 황화인은 오황화인(P_2S_5), 칠황화인(P_4S_7)이다.
- 오황화인(P_2S_5)과 칠황화인(P_4S_7)은 공기 중의 수분에 민감하게 반응하여 쉽게 가수분해되거나 부식을 일으키는 성질이 있다. 반면, 삼황화인(P_4S_3)은 상대적으로 더 안정적이며 공기 중의 수분에 의한 즉각적인 가수분해나 부식이 잘 일어나지 않는다.

정답 (1) 조해성 있는 물질: 오황화인, 칠황화인
조해성 없는 물질: 삼황화인
(2) 삼황화인: P_4S_3, 오황화인: P_2S_5, 칠황화인: P_4S_7

04 빈출

다음 반응의 화학반응식을 쓰시오.

(1) 트라이메틸알루미늄과 물
(2) 트라이메틸알루미늄과 산소
(3) 트라이에틸알루미늄과 물
(4) 트라이에틸알루미늄과 산소

> (1) 트라이메틸알루미늄과 물의 반응식
>   - $(CH_3)_3Al + 3H_2O \rightarrow Al(OH)_3 + 3CH_4$
>   - 트라이메틸알루미늄은 물과 반응하여 수산화알루미늄과 메탄을 발생한다.
> (2) 트라이메틸알루미늄의 연소반응식
>   - $2(CH_3)_3Al + 12O_2 \rightarrow 6CO_2 + 9H_2O + Al_2O_3$
>   - 트라이메틸알루미늄은 연소하여 이산화탄소, 물, 산화알루미늄을 생성한다.
> (3) 트라이에틸알루미늄과 물의 반응식
>   - $(C_2H_5)_3Al + 3H_2O \rightarrow Al(OH)_3 + 3C_2H_6$
>   - 트라이에틸알루미늄은 물과 반응하여 수산화알루미늄과 에탄을 발생한다.
> (4) 트라이에틸알루미늄의 연소반응식
>   - $2(C_2H_5)_3Al + 21O_2 \rightarrow 12CO_2 + 15H_2O + Al_2O_3$
>   - 트라이에틸알루미늄은 연소하여 이산화탄소, 물, 산화알루미늄을 생성한다.

정답
(1) $(CH_3)_3Al + 3H_2O \rightarrow Al(OH)_3 + 3CH_4$
(2) $2(CH_3)_3Al + 12O_2 \rightarrow 6CO_2 + 9H_2O + Al_2O_3$
(3) $(C_2H_5)_3Al + 3H_2O \rightarrow Al(OH)_3 + 3C_2H_6$
(4) $2(C_2H_5)_3Al + 21O_2 \rightarrow 12CO_2 + 15H_2O + Al_2O_3$

05

다음 위험물을 운반할 때 각 운반용기 외부에 표시해야 하는 주의사항을 쓰시오.

(1) 제2류 위험물 중 철분, 금속분, 마그네슘
(2) 제3류 위험물 중 자연발화성 물질
(3) 제6류 위험물

위험물 유별 운반용기 외부 주의사항 및 게시판(위험물안전관리법 시행규칙 별표 4, 별표 19)

유별	종류	운반용기 외부 주의사항	게시판
제1류	알칼리금속의 과산화물	가연물접촉주의, 화기·충격주의, 물기엄금	물기엄금
	그 외	가연물접촉주의, 화기·충격주의	-
제2류	철분, 금속분, 마그네슘	화기주의, 물기엄금	화기주의
	인화성 고체	화기엄금	화기엄금
	그 외	화기주의	화기주의
제3류	자연발화성 물질	화기엄금, 공기접촉엄금	화기엄금
	금수성 물질	물기엄금	물기엄금
제4류	-	화기엄금	화기엄금
제5류	-	화기엄금, 충격주의	화기엄금
제6류	-	가연물접촉주의	-

정답 (1) 화기주의, 물기엄금 (2) 화기엄금, 공기접촉엄금 (3) 가연물접촉주의

06

다음 [보기] 중 운반 시 방수성 및 차광성 덮개로 모두 덮어야 하는 위험물의 품명을 쓰시오.

―――― [보기] ――――
유기과산화물, 질산, 알칼리금속과산화물, 염소산염류

위험물별 피복 유형(위험물안전관리법 시행규칙 별표 19)

유별	종류	피복
제1류	알칼리금속과산화물	방수성 및 차광성
	그 외	차광성
제2류	철분, 금속분, 마그네슘	방수성
제3류	자연발화성 물질	차광성
	금수성 물질	방수성
제4류	특수인화물	차광성
제5류	-	차광성
제6류	-	차광성

정답 알칼리금속과산화물

07 빈출

아래 제시된 분말 소화약제의 1차 분해식을 쓰시오.

(1) 제1종 분말소화약제
(2) 제2종 분말소화약제

분말 소화약제의 종류

약제명	주성분	분해식	색상	적응화재
제1종	탄산수소나트륨	$2NaHCO_3 \rightarrow Na_2CO_3 + CO_2 + H_2O$	백색	BC
제2종	탄산수소칼륨	$2KHCO_3 \rightarrow K_2CO_3 + CO_2 + H_2O$	보라색 (담회색)	BC
제3종	인산암모늄	1차: $NH_4H_2PO_4 \rightarrow NH_3 + H_3PO_4$ 2차: $NH_4H_2PO_4 \rightarrow NH_3 + HPO_3 + H_2O$	담홍색	ABC
제4종	탄산수소칼륨 + 요소	–	회색	BC

정답
(1) $2NaHCO_3 \rightarrow Na_2CO_3 + CO_2 + H_2O$
(2) $2KHCO_3 \rightarrow K_2CO_3 + CO_2 + H_2O$

08

위험물 중 인화점이 21℃ 이상 70℃ 미만이며 수용성인 물질을 다음 [보기]에서 모두 골라 쓰시오.

―――[보기]―――
아세트산, 글리세린, 나이트로벤젠, 메틸알코올, 포름산

제2석유류(등유, 경유 그 밖에 1기압에서 인화점이 섭씨 21도 이상 70도 미만인 것)

품명		지정수량(L)	위험물	분자식
제2석유류	비수용성	1,000	등유	–
			경유	–
			스타이렌	–
			크실렌	–
			클로로벤젠	C_6H_5Cl
	수용성	2,000	아세트산	CH_3COOH
			포름산	$HCOOH$
			하이드라진	N_2H_4

정답 아세트산, 포름산

09

위험물제조소에 다음 수량의 위험물을 저장할 때 필요한 최소 보유공지를 쓰시오.

(1) 지정수량의 1배
(2) 지정수량의 5배
(3) 지정수량의 10배
(4) 지정수량의 50배
(5) 지정수량의 200배

위험물제조소의 보유공지(위험물안전관리법 시행규칙 별표 4))

취급하는 위험물의 최대수량	공지의 너비
지정수량의 10배 이하	3m 이상
지정수량의 10배 초과	5m 이상

정답 (1) 3m (2) 3m (3) 3m (4) 5m (5) 5m

10

옥외탱크저장소에 제4류 위험물(이황화탄소를 제외한다)을 저장하고 주위에 방유제를 설치하였다. 다음 물음에 답하시오.

(1) 방유제의 높이는 몇 m 이상 몇 m 이하로 하여야 하는지 쓰시오.
(2) 방유제 내의 면적은 몇 m² 이하로 하여야 하는지 쓰시오.
(3) 방유제 내에 설치하는 옥외저장탱크는 몇 기 이하로 하여야 하는지 쓰시오.

방유제의 기준(위험물안전관리법 시행규칙 별표 6)
- 방유제는 높이 0.5m 이상 3m 이하, 두께 0.2m 이상, 지하매설깊이 1m 이상으로 할 것
- 방유제 내의 면적은 8만m² 이하로 할 것
- 방유제 내의 설치하는 옥외저장탱크의 수는 10(방유제 내에 설치하는 모든 옥외저장탱크의 용량이 20만L 이하이고, 당해 옥외저장탱크에 저장 또는 취급하는 위험물의 인화점이 70℃ 이상 200℃ 미만인 경우에는 20) 이하로 할 것. 다만, 인화점이 200℃ 이상인 위험물을 저장 또는 취급하는 옥외저장탱크에 있어서는 그러하지 아니하다.

정답 (1) 0.5m 이상 3m 이하
(2) 80,000m²
(3) 10기

11

트라이나이트로톨루엔에 대하여 아래 물음에 알맞은 답을 쓰시오. (단, 트라이나이트로톨루엔은 1종이다.)

(1) 시성식
(2) 트라이나이트로톨루엔 1,000kg는 지정수량 몇 배인가?

> (1) 트라이나이트로톨루엔: $C_6H_2(NO_2)_3CH_3$
>
> (2) 1종은 지정수량 10kg이므로 1,000kg에 대한 지정수량의 배수는 $\frac{1,000kg}{10kg}$ = 100배이다.

정답 (1) $C_6H_2(NO_2)_3CH_3$ (2) 100배

12

자체소방대에 대하여 아래 물음에 알맞은 답을 쓰시오.

(1) 다량의 위험물을 저장·취급하는 제조소등으로서 대통령령이 정하는 제조소등이 있는 동일한 사업소에서 대통령령이 정하는 수량 이상의 위험물을 저장 또는 취급하는 경우 당해 사업소의 관계인은 대통령령이 정하는 바에 따라 당해 사업소에 자체소방대를 설치하여야 하는데 이 규정을 위반하여 자체소방대를 두지 않은 관계인에 대한 벌칙은?
(2) 제조소 또는 일반취급소에서 취급하는 제4류 위험물의 최대수량의 합이 지정수량의 3천배 이상 12만배 미만인 사업소에서 화학소방자동차의 대수는?

> **규정을 위반하여 자체소방대를 두지 않았을 경우 벌칙(위험물안전관리법 제35조)**
> - 아래에 해당하는 자는 1년 이하의 징역 또는 1천만원 이하의 벌금에 처한다.
> - 다량의 위험물을 저장·취급하는 제조소등으로서 대통령령이 정하는 제조소등이 있는 동일한 사업소에서 대통령령이 정하는 수량 이상의 위험물을 저장 또는 취급하는 경우 당해 사업소의 관계인은 대통령령이 정하는 바에 따라 당해 사업소에 자체소방대를 설치하여야 한다(위험물안전관리법 제9조)는 규정을 위반하여 자체소방대를 두지 아니한 관계인으로서 위험물안전관리법 제6조 제1항의 규정에 따른 허가를 받은 자
>
> **자체소방대에 두는 화학소방자동차 및 자체소방대원 기준(위험물안전관리법 시행령 별표 8)**
>
> | 제4류 위험물의 최대 수량의 합 | 화학소방자동차(대) | 자체소방대원(인) |
> | --- | --- | --- |
> | 지정수량의 3,000배 이상 12만배 미만 | 1 | 5 |
> | 지정수량의 12만배 이상 24만배 미만 | 2 | 10 |
> | 지정수량의 24만배 이상 48만배 미만 | 3 | 15 |
> | 지정수량의 8만배 이상 | 4 | 20 |

정답 (1) 1년 이하의 징역 또는 1천만원 이하의 벌금
(2) 1대

13

아래 화학반응식을 보고 물음에 알맞은 답을 쓰시오.

$$(가) \rightarrow N_2O + H_2O$$

(1) (가)에 들어갈 화학식을 쓰시오.
(2) (가)의 명칭을 쓰시오.
(3) (가)가 물과 만났을 때 발열반응과 흡열반응 중 어느 것을 하는지 쓰시오.

- 질산암모늄의 분해반응식: $NH_4NO_3 \rightarrow N_2O + H_2O$
  질산암모늄(NH_4NO_3)은 분해하여 아산화질소와 물을 생성한다.
- 질산암모늄은 물, 알코올에 녹고 물에 용해 시 흡열반응을 한다.

정답 (1) NH_4NO_3
(2) 질산암모늄
(3) 흡열반응을 한다.

14

분자량이 34이고, 표백제 또는 살균제로 이용되며 뚜껑에 작은 구멍을 뚫은 갈색용기에 보관해야 하는 물질에 대하여 아래 물음에 알맞은 답을 쓰시오.

(1) 화학식을 쓰시오.
(2) 운반용기 외부에 표시해야 하는 주의사항을 쓰시오.

과산화수소의 특징	
일반적 성질	• 물, 알코올, 에테르에 잘 녹고 석유, 벤젠에 녹지 않음 • 표백제 또는 살균제로 이용
위험성	• 열, 햇빛에 의해 분해 촉진 • 60wt% 이상에서 단독으로 분해폭발
저장 및 소화방법	• 뚜껑에 작은 구멍을 뚫은 갈색 용기에 보관 • 햇빛에 의해 분해가 촉진되므로 햇빛 차단하거나 갈색병에 보관 • 인산과 요산은 분해 방지 안정제 역할을 함

위험물 유별 운반용기 외부 주의사항과 게시판(위험물안전관리법 시행규칙 별표 4, 별표 19)

유별	종류	운반용기 외부 주의사항	게시판
제1류	알칼리금속의 과산화물	가연물접촉주의, 화기·충격주의, 물기엄금	물기엄금
	그 외	가연물접촉주의, 화기·충격주의	-
제2류	철분, 금속분, 마그네슘	화기주의, 물기엄금	화기주의
	인화성 고체	화기엄금	화기엄금
	그 외	화기주의	화기주의
제3류	자연발화성 물질	화기엄금, 공기접촉엄금	화기엄금
	금수성 물질	물기엄금	물기엄금
제4류	-	화기엄금	화기엄금
제5류	-	화기엄금, 충격주의	화기엄금
제6류	-	가연물접촉주의	-

정답 (1) H_2O_2
(2) 가연물접촉주의

15

다음 물질에 적응성 있는 소화설비를 보기에서 고르시오.

―――――――――――――[보기]―――――――――――――
옥내소화전, 옥외소화전, 불활성 가스 소화설비, 스프링클러설비

(1) 철분
(2) 과산화수소
(3) 탄화칼슘
(4) 인화성 고체
(5) 금속분

- 불활성 가스 소화설비는 질식소화에 적응성이 있는 위험물에 사용할 수 있다.
- 위험물 유별 운반용기 외부 주의사항과 게시판 및 소화방법

유별	종류	운반용기 외부 주의사항	게시판	소화방법	피복
제1류	알칼리금속의 과산화물	가연물접촉주의, 화기·충격주의, 물기엄금	물기엄금	주수금지	방수성 차광성
	그 외	가연물접촉주의, 화기·충격주의	-	주수소화	차광성
제2류	철분, 금속분, 마그네슘	화기주의, 물기엄금	화기주의	주수금지	방수성
	인화성 고체	화기엄금	화기엄금	주수소화 질식소화	-
	그 외	화기주의	화기주의	주수소화	
제3류	자연발화성 물질	화기엄금, 공기접촉엄금	화기엄금	주수소화	차광성
	금수성 물질	물기엄금	물기엄금	주수금지	방수성
제4류	-	화기엄금	화기엄금	질식소화	차광성 (특수인화물)
제5류	-	화기엄금, 충격주의	화기엄금	주수소화	차광성
제6류	-	가연물접촉주의	-	주수소화	차광성

정답
(1) 불활성 가스 소화설비
(2) 옥내소화전, 옥외소화전, 스프링클러설비
(3) 불활성 가스 소화설비
(4) 옥내소화전, 옥외소화전, 불활성 가스 소화설비, 스프링클러설비
(5) 불활성 가스 소화설비

16

메틸알코올과 에틸알코올에 대하여 아래 물음에 알맞은 답을 쓰시오.

(1) 분자량이 더 큰 알코올은 어느 것인가?
(2) 비중이 더 큰 알코올은 어느 것인가?
(3) 연소범위가 더 넓은 알코올은 어느 것인가?
(4) 끓는점이 더 높은 알코올은 어느 것인가?
(5) 인화점이 더 낮은 알코올은 어느 것인가?

항목	메틸알코올(CH_3OH)	에틸알코올(C_2H_5OH)
분자량	$12 + (1 \times 3) + 16 + 1 = 32$	$(12 \times 2) + (1 \times 5) + 16 + 1 = 46$
비중	약 0.79	약 0.789
인화점	11℃	13℃
끓는점	65℃	78℃
연소범위	6~36.5%	3.1~27.7%

정답 (1) 에틸알코올 (2) 메틸알코올 (3) 메틸알코올 (4) 에틸알코올 (5) 메틸알코올

17

다음은 위험물안전관리법령에서 정한 소화설비의 소요단위에 관한 내용이다. 다음 내용을 보고 물음에 답하시오. (이때, 소요단위는 점수로 나타내시오.)

옥내저장소
• 내화구조 • 연면적 150m² • 에틸알코올 1,000L, 등유 1,500L, 동식물유류 20,000L, 특수인화물 500L

(1) 옥내저장소의 소요단위
(2) 위 위험물을 저장할 경우 소요단위

소화설비 설치기준(위험물안전관리법 시행규칙 별표 17)
• 소요단위(연면적)

구분	외벽 내화구조	외벽 비내화구조
위험물제조소 취급소	100m²	50m²
위험물저장소	150m²	75m²

- 외벽이 내화구조인 위험물저장소의 1소요단위는 150m²이므로 연면적 150m²의 소요단위는 다음과 같다.

    $\dfrac{150m^2}{150m^2}$ = 1소요단위

- 위험물은 지정수량의 10배를 1소요단위로 한다.

위험물	에틸알코올	등유	동식물유류	특수인화물
지정수량	400L	1,000L	10,000L	50L
소요단위(지정수량×10)	400 × 10 = 4,000	1,000 × 10 = 10,000	10,000 × 10 = 100,000	50 × 10 = 500

$\dfrac{1,000}{4,000} + \dfrac{1,500}{10,000} + \dfrac{20,000}{100,000} + \dfrac{500}{500}$ = 1.6소요단위 (*소요단위가 소수로 나올 경우 올림하여 정수로 표기)

정답 (1) 1소요단위 (2) 2소요단위

18

$KClO_3$에 대하여 아래 질문에 알맞은 답을 쓰시오.

(1) 분해 시 생성되는 기체
(2) 분해반응식
(3) 게시판에 써야 하는 지정수량(단, 없으면 '해당 없음'이라 쓰시오)
(4) 지정수량

- 염소산칼륨의 분해반응식: $2KClO_3 \rightarrow 2KCl + 3O_2$
  염소산칼륨(제1류 위험물, 지정수량 50kg)은 분해되어 염화칼륨과 산소를 발생한다.
- 위험물 유별 운반용기 외부 주의사항과 게시판(위험물안전관리법 시행규칙 별표 4, 별표 19)

유별	종류	운반용기 외부 주의사항	게시판
제1류	알칼리금속의 과산화물	가연물접촉주의, 화기·충격주의, 물기엄금	물기엄금
	그 외	가연물접촉주의, 화기·충격주의	-
제2류	철분, 금속분, 마그네슘	화기주의, 물기엄금	화기주의
	인화성 고체	화기엄금	화기엄금
	그 외	화기주의	화기주의
제3류	자연발화성 물질	화기엄금, 공기접촉엄금	화기엄금
	금수성 물질	물기엄금	물기엄금
제4류		화기엄금	화기엄금
제5류	-	화기엄금, 충격주의	화기엄금
제6류		가연물접촉주의	-

정답 (1) 산소(O_2)
(2) $2KClO_3 \rightarrow 2KCl + 3O_2$
(3) 해당 없음
(4) 50kg

19

다음 중 황린에 대한 설명으로 알맞은 것을 모두 골라 쓰시오.

(1) 무색무취의 고체다.
(2) 물, 아세톤에 녹는다.
(3) 가열하여 적린을 얻을 수 있다.
(4) 증기비중이 적린보다 낮다.

> (1) 담황색 또는 백색의 고체이고 연소하면 마늘냄새의 악취가 난다.
> (2) 물과 반응하지 않으므로 pH9인 물 속에 보관한다.
> (3) 황린은 공기를 차단하고 약 260~300℃로 가열하면 적린으로 변한다.
> (4) 황린의 증기비중 = $\dfrac{124}{29}$ ≒ 4.27, 적린의 증기비중 = $\dfrac{31}{29}$ ≒ 1.07

정답 (3)

20

제조소등에 설치하는 배출설비에 대하여 다음 물음에 답하시오.

(1) 배출장소의 용적이 300m³일 경우 국소방출방식의 배출설비 1시간당 배출능력을 구하시오.
(2) 바닥면적이 100m²인 경우 전역방출방식의 배출설비 1m³당 배출능력을 구하시오.

> **제조소의 위치, 구조 및 설비의 기준에 의한 배출설비의 능력(위험물안전관리법 시행규칙 별표 4)**
> 배출능력은 1시간당 배출장소 용적의 20배 이상인 것으로 하여야 한다. 다만, 전역방식의 경우에는 바닥면적 1m²당 18m³ 이상으로 할 수 있다.
> (1) 300m³ × 20/h = 6,000m³/h
> (2) 100m² × 18m³/m² · h = 1,800m³/h

정답 (1) 6,000m³ (2) 1,800m³

CHAPTER 02
2025 제2회 실기[필답형] 기출복원문제

01 빈출

아래는 유별을 달리하더라도 1m 이상 간격을 둘 때 저장이 가능한 경우이다. 다음 빈칸에 알맞은 말을 쓰시오.

- 제1류 위험물[(①) 또는 이를 함유한 것 제외]과 제5류 위험물
- 제1류 위험물과 제6류 위험물
- 제1류 위험물과 제(②) 위험물 중 자연발화성 물질(황린 또는 이를 함유한 것)
- 제2류 위험물 중 (③)와 제4류 위험물
- 제3류 위험물 중 알킬알루미늄등과 제4류 위험물(알킬알루미늄 또는 알킬리튬을 함유한 것)
- 제4류 위험물 중 유기과산화물 또는 이를 함유하는 것과 제5류 위험물 중 (④) 또는 이를 함유한 것

> 유별을 달리하더라도 1m 이상 간격을 둘 때 저장 가능한 경우(위험물안전관리법 시행규칙 별표 18)
> - 제1류 위험물(알칼리금속의 과산화물 또는 이를 함유한 것 제외)과 제5류 위험물
> - 제1류 위험물과 제6류 위험물
> - 제1류 위험물과 제3류 위험물 중 자연발화성 물질(황린 또는 이를 함유한 것)
> - 제2류 위험물 중 인화성 고체와 제4류 위험물
> - 제3류 위험물 중 알킬알루미늄등과 제4류 위험물(알킬알루미늄 또는 알킬리튬을 함유한 것)
> - 제4류 위험물 중 유기과산화물 또는 이를 함유하는 것과 제5류 위험물 중 유기과산화물 또는 이를 함유한 것

정답 ① 알칼리금속의 과산화물 ② 3류 ③ 인화성 고체 ④ 유기과산화물

02

제3류 위험물인 트라이에틸알루미늄이 물과 반응하여 가연성의 기체를 발생시키는 반응식을 쓰시오.

> - 트라이에틸알루미늄과 물의 반응식: $(C_2H_5)_3Al + 3H_2O \rightarrow Al(OH)_3 + 3C_2H_6$
> - 트라이에틸알루미늄과 물이 반응하면 수산화알루미늄과 에탄이 발생한다.

정답 $(C_2H_5)_3Al + 3H_2O \rightarrow Al(OH)_3 + 3C_2H_6$

03

제4류 위험물 중 산화프로필렌에 대하여 다음 물음에 답하시오.

(1) 증기비중을 구하시오.
(2) 위험등급을 쓰시오.
(3) 옥외저장탱크 중 압력탱크 외의 저장할 때 몇 도 이하로 저장해야 하는지 쓰시오.

산화프로필렌의 특성

위험물	분자식	위험등급	품명	비중	인화점
산화프로필렌	CH_2CHOCH_3	I	특수인화물	0.83	-37℃

$$증기비중 = \frac{산화프로필렌(CH_2CHOCH_3)}{공기의\ 평균\ 분자량} = \frac{(12 \times 3) + (1 \times 6) + 16}{29} = 2$$

아세트알데하이드등의 저장기준(위험물안전관리법 시행규칙 별표 18)

위험물 종류		옥외저장탱크, 옥내저장탱크, 지하저장탱크		이동저장탱크	
		압력탱크 외	압력탱크	보냉장치 ×	보냉장치 ○
아세트알데하이드등	아세트알데하이드	15℃ 이하	40℃ 이하		비점 이하
	산화프로필렌	30℃ 이하			
	다이에틸에터등	30℃ 이하			

정답
(1) 2
(2) I
(3) 30℃ (문제에 '이하'라고 적혀 있는 경우 생략 가능하지만 그렇지 않은 경우 '이하'를 작성해 주셔야 합니다)

04

이황화탄소를 보관하는 옥외저장탱크가 철근콘크리트 수조의 두께가 0.2m일 때 다음 물음에 답하시오.

(1) 연소반응식
(2) 지정수량
(3) 방유제 필요여부

등급	위험물	분자식	품명	지정수량
I	이황화탄소	CS_2	특수인화물	50L

- 이황화탄소의 연소반응식: $CS_2 + 3O_2 \rightarrow CO_2 + 2SO_2$
  이황화탄소는 연소하여 이산화탄소와 이산화황을 생성한다.
- 이황화탄소의 옥외저장탱크 기준(위험물안전관리법 시행규칙 별표 6)
  이황화탄소의 옥외저장탱크는 벽 및 바닥의 두께가 0.2m 이상이고 누수가 되지 아니하는 철근콘크리트의 수조에 넣어 보관하여야 한다. 이 경우 보유공지·통기관 및 자동계량장치는 생략할 수 있다.
- 제3류, 제4류 및 제5류 위험물 중 인화성이 있는 액체(이황화탄소를 제외한다)의 옥외탱크저장소의 탱크 주위에는 다음의 기준에 의하여 방유제를 설치하여야 한다.
  → 이황화탄소 옥외저장탱크는 철근콘크리트 수조(두께 0.2m 이상)에 넣어 저장하면, 별도의 방유제 설치는 필요하지 않다.

정답 (1) $CS_2 + 3O_2 \rightarrow CO_2 + 2SO_2$ (2) 50L (3) 필요하지 않다.

05

다음 [보기]에서 제4류 위험물 중 수용성인 물질을 모두 골라 지정수량의 합을 구하시오.

[보기]
- 에틸알코올   800L
- 피리딘   1,200L
- 메틸알코올   1,600L
- 포름산메틸   1,200L
- 중유   400L
- 나이트로벤젠 1,000L

위험물	품명	지정수량(L)
에틸알코올	알코올류	400
메틸알코올	알코올류	400
피리딘	제1석유류 수용성	400
포름산메틸	제1석유류 수용성	400
중유	제3석유류 비수용성	2,000
나이트로벤젠	제3석유류 비수용성	2,000

→ $\dfrac{800L}{400L} + \dfrac{1,200L}{400L} + \dfrac{1,600L}{400L} + \dfrac{1,200L}{400L} = 12$배

정답 12배

06 ✈빈출

벤젠 16g이 완전 증발 시 1atm, 90℃에서 부피는 몇 L인지 구하시오.

이상기체방정식을 이용하여 벤젠의 부피를 구하기 위해 $PV = \frac{wRT}{M}$의 식을 사용한다.

$V = \frac{wRT}{PM} = \frac{16g \times 0.082 \times 363K}{1 \times 78g/mol} ≒ 6.11L$

- P: 압력(1atm)
- w: 질량 → 16g
- M: 분자량 → 벤젠(C_6H_6)의 분자량 = (12 × 6) + (1 × 6) = 78g/mol (C 원자량: 12, H 원자량: 1)
- R: 기체상수(0.082L · atm/mol · K)
- T: 절대온도(K, 절대온도로 변환하기 위해 273을 더한다) → 90 + 273 = 363K

정답 6.11L

07 ✈빈출

아래 위험물의 열분해반응식을 쓰시오.

(1) 다이크로뮴산칼륨
(2) 과산화칼륨
(3) 질산암모늄

(1) 다이크로뮴산칼륨의 열분해반응식: $4K_2Cr_2O_7 \rightarrow 4K_2CrO_4 + 2Cr_2O_3 + 3O_2$
   다이크로뮴산칼륨은 열분해되어 크로뮴산칼륨, 삼산화크로뮴, 산소를 발생한다.
(2) 과산화칼륨의 열분해반응식: $2K_2O_2 \rightarrow 2K_2O + O_2$
   과산화칼륨은 열분해되어 산화칼륨과 산소를 발생한다.
(3) 질산암모늄의 열분해반응식: $2NH_4NO_3 \rightarrow 2N_2 + 4H_2O + O_2$
   질산암모늄은 열분해되어 질소, 물, 산소를 발생한다.

정답
(1) $4K_2Cr_2O_7 \rightarrow 4K_2CrO_4 + 2Cr_2O_3 + 3O_2$
(2) $2K_2O_2 \rightarrow 2K_2O + O_2$
(3) $2NH_4NO_3 \rightarrow N_2 + 2H_2O + O_2$

08

아래 보기를 보고 해당하는 위험물에 대하여 아래 물음에 알맞은 답을 쓰시오.

[보기]
- 이 위험물은 물과 반응성이 없다.
- 이 위험물은 제2류 위험물에 동소체가 있다.

(1) 해당 위험물의 명칭
(2) 저장창고 바닥면적
(3) 강알칼리성 수용액과 반응할 때 나오는 유독성 기체

---

(1) 황린(제3류 위험물, P_4)와 적린(제2류 위험물, P)은 동소체 관계이다.
(2) 옥내저장소의 위치, 구조 및 설비의 기준(위험물안전관리법 시행규칙 별표 5)
하나의 저장창고의 바닥면적(2 이상의 구획된 실이 있는 경우에는 각 실의 바닥면적의 합계)은 다음 각목의 구분에 의한 면적 이하로 하여야 한다. 이 경우 가목의 위험물과 나목의 위험물을 같은 저장창고에 저장하는 때에는 가목의 위험물을 저장하는 것으로 보아 그에 따른 바닥면적을 적용한다.
가. 다음의 위험물을 저장하는 창고: 1,000m²
1) 제1류 위험물 중 아염소산염류, 염소산염류, 과염소산염류, 무기과산화물 그 밖에 지정수량이 50kg인 위험물
2) 제3류 위험물 중 칼륨, 나트륨, 알킬알루미늄, 알킬리튬 그 밖에 지정수량이 10kg인 위험물 및 황린
3) 제4류 위험물 중 특수인화물, 제1석유류 및 알코올류
4) 제5류 위험물 중 유기과산화물, 질산에스터류 그 밖에 지정수량이 10kg인 위험물
5) 제6류 위험물
나. 가목의 위험물 외의 위험물을 저장하는 창고: 2,000m²
다. 가목의 위험물과 나목의 위험물을 내화구조의 격벽으로 완전히 구획된 실에 각각 저장하는 창고: 1,500m²(가목의 위험물을 저장하는 실의 면적은 500m²를 초과할 수 없다)
(3) 황린과 수산화나트륨의 반응식: $P_4 + 3NaOH + 3H_2O \rightarrow 3NaH_2PO_2 + PH_3$
황린은 강알칼리성 수용액인 수산화나트륨과 반응하여 인산나트륨과 유독성의 포스핀가스를 생성한다.

정답
(1) 황린
(2) 1,000m²
(3) PH_3(포스핀가스)

09

아래 [보기]를 보고 무기과산화물을 고르고 다음 물질과의 반응식을 쓰시오. (단, 해당 없으면 "해당 없음"이라 쓰시오.)

―――――――――――――― [보기] ――――――――――――――
과산화바륨, 과산화수소, 과염소산, 과염소산나트륨

(1) 염산
(2) 산소

위험물	품명
과산화바륨	제1류 위험물 중 무기과산화물
과산화수소	제6류 위험물
과염소산	제6류 위험물
과염소산나트륨	제1류 위험물 중 과염소산염류

(1) 과산화바륨과 염산의 반응식: $BaO_2 + 2HCl \rightarrow BaCl_2 + H_2O_2$
 과산화바륨은 염산과 반응하여 염화바륨과 과산화수소를 생성한다.
(2) 과산화바륨은 산소와 반응하지 않는다.

정답 (1) $BaO_2 + 2HCl \rightarrow BaCl_2 + H_2O_2$ (2) 해당 없음

10

아래 표를 보고 빈칸에 알맞은 답을 쓰시오.

등급	품명	지정수량(kg)	위험물	분자식
I	(①)	10	트라이에틸알루미늄	$(C_2H_5)_3Al$
	칼륨		칼륨	K
	알킬리튬		알킬리튬	RLi
	나트륨		나트륨	Na
	황린	(②)	황린	P_4
II	알칼리금속 (칼륨, 나트륨 제외)	50	리튬	Li
			루비듐	Rb
	알칼리토금속		칼슘	Ca
			바륨	Ba
	유기금속화합물 (알킬알루미늄, 알킬리튬 제외)		–	–
III	금속의 수소화물	(④)	수소화칼슘	CaH_2
			수소화나트륨	NaH
	(③)		인화칼슘	Ca_3P_2
	칼슘, 알루미늄의 탄화물		탄화칼슘	CaC_2
			탄화알루미늄	(⑤)

등급	품명	지정수량(kg)	위험물	분자식
I	(알킬알루미늄)	10	트라이에틸알루미늄	(C₂H₅)₃Al
	칼륨		칼륨	K
	알킬리튬		알킬리튬	RLi
	나트륨		나트륨	Na
II	황린	(20)	황린	P₄
	알칼리금속 (칼륨, 나트륨 제외)	50	리튬	Li
			루비듐	Rb
	알칼리토금속		칼슘	Ca
			바륨	Ba
	유기금속화합물(알킬알루미늄, 알킬리튬 제외)		–	–
III	금속의 수소화물	(300)	수소화칼슘	CaH₂
			수소화나트륨	NaH
	(금속의 인화물)		인화칼슘	Ca₃P₂
	칼슘, 알루미늄의 탄화물		탄화칼슘	CaC₂
			탄화알루미늄	(Al₄C₃)

정답 [해설참조]

11 빈출

제6류 위험물 중 갈색병에 저장하는 위험물에 대하여 다음 물음에 답하시오. (단, 해당 없으면 "해당 없음"이라 쓰시오.)

(1) 분해반응식
(2) 제조소 안전거리

(1) 질산의 분해반응식: $4HNO_3 \rightarrow 2H_2O + 4NO_2 + O_2$
　　질산은 분해하여 물, 이산화질소, 산소를 발생한다.
(2) 제조소의 위치, 구조 및 설비의 기준 및 제조소등의 안전거리의 단축기준(위험물안전관리법 시행규칙 별표4)
　　제조소(제6류 위험물을 취급하는 제조소를 제외한다)는 규정에 의한 건축물의 외벽 또는 이에 상당하는 공작물의 외측으로부터 당해 제조소의 외벽 또는 이에 상당하는 공작물의 외측까지의 사이에 규정에 의한 수평거리(이하 "안전거리"라 한다)를 두어야 한다.

정답 (1) $4HNO_3 \rightarrow 2H_2O + 4NO_2 + O_2$
　　　(2) 해당 없음

12

아래 할로젠화합물 소화약제의 품명과 명칭을 보고 알맞게 연결하시오.

품명	명칭
① Hallon1301	㉠ 트리플루오로메탄
② Hallon 1211	㉡ 브로모트리플루오로메탄
③ Hallon 2402	㉢ 펜타플루오로에탄
④ HFC-23	㉣ 브로모클로로디플루오로메탄
⑤ HFC-125	㉤ 1, 2-디브로모테트라플루오로에탄

할로겐화합물 및 불활성기체소화설비의 화재안전기술기준 제4조(종류)

품명	명칭
Hallon1301	브로모트리플루오로메탄
Hallon 1211	브로모클로로디플루오로메탄
Hallon 2402	1, 2-디브로모테트라플루오로에탄
HFC-23	트리플루오로메탄
HFC-125	펜타플루오로에탄

정답 ① - ㉡, ② - ㉣, ③ - ㉤, ④ - ㉠, ⑤ - ㉢

13

아래 물질에 대하여 화학식과 지정수량을 쓰시오.

(1) 과염소산
(2) 염화아세틸
(3) 수소화칼슘

(1) 과염소산($HClO_4$)은 제6류 위험물로 지정수량은 300kg이다.
(2) 염화아세틸(CH_3COCl)은 제4류 위험물 중 제1석유류 비수용성 액체이므로 지정수량은 200L이다.
(3) 수소화칼슘(CaH_2)는 제3류 위험물 금속의 수소화물로 지정수량은 300kg이다.

정답
(1) $HClO_4$, 300kg
(2) CH_3COCl, 200L
(3) CaH_2, 300kg

14 ⭐빈출

트라이나이트로페놀(피크린산)에 대하여 아래 물음에 알맞은 답을 쓰시오. (단, 1종이라 가정한다.)

(1) 구조식
(2) 품명
(3) 지정수량

- 트라이나이트로페놀($C_6H_2(NO_2)_3OH$)은 제5류 위험물 중 나이트로화합물이다.
- 제5류 위험물의 지정수량은 제1종 10kg, 제2종 100kg로 나뉜다.
- 구조식

정답 (1) 구조식 (2) 나이트로화합물 (3) 10kg

15

다음은 위험물의 성질에 따른 제조소의 특례이다. 빈칸에 알맞은 말을 쓰시오.

- (①)을 취급하는 설비에는 불활성기체를 봉입하는 장치를 갖출 것
- (②)을 취급하는 설비는 은·수은·동·마그네슘 또는 이들을 성분으로 하는 합금으로 만들지 아니할 것
- (③)을 취급하는 설비에는 철이온 등의 혼입에 의한 위험한 반응을 방지하기 위한 조치를 강구할 것

제조소의 위치, 구조 및 설비의 기준(위험물안전관리법 시행규칙 별표 4)
- 알킬알루미늄을 취급하는 설비에는 불활성기체를 봉입하는 장치를 갖출 것
- 아세트알데하이드등을 취급하는 설비는 은·수은·동·마그네슘 또는 이들을 성분으로 하는 합금으로 만들지 아니할 것
- 하이드록실아민등을 취급하는 설비에는 철 이온 등의 혼입에 의한 위험한 반응을 방지하기 위한 조치를 강구할 것

정답 ① 알킬알루미늄등 ② 아세트알데하이드등 ③ 하이드록실아민등

16

다음 위험물에 대하여 옥내저장소의 바닥면적을 알맞게 쓰시오.

(1) 염소산염류
(2) 제2석유류
(3) 유기과산화물

> **옥내저장소의 위치, 구조 및 설비의 기준(위험물안전관리법 시행규칙 별표 5)**
> 하나의 저장창고의 바닥면적(2 이상의 구획된 실이 있는 경우에는 각 실의 바닥면적의 합계)은 다음 각목의 구분에 의한 면적 이하로 하여야 한다. 이 경우 가목의 위험물과 나목의 위험물을 같은 저장창고에 저장하는 때에는 가목의 위험물을 저장하는 것으로 보아 그에 따른 바닥면적을 적용한다.
> 가. 다음의 위험물을 저장하는 창고: 1,000m²
>   1) 제1류 위험물 중 아염소산염류, 염소산염류, 과염소산염류, 무기과산화물 그 밖에 지정수량이 50kg인 위험물
>   2) 제3류 위험물 중 칼륨, 나트륨, 알킬알루미늄, 알킬리튬 그 밖에 지정수량이 10kg인 위험물 및 황린
>   3) 제4류 위험물 중 특수인화물, 제1석유류 및 알코올류
>   4) 제5류 위험물 중 유기과산화물, 질산에스터류 그 밖에 지정수량이 10kg인 위험물
>   5) 제6류 위험물
> 나. 가목의 위험물 외의 위험물을 저장하는 창고: 2,000m²
> 다. 가목의 위험물과 나목의 위험물을 내화구조의 격벽으로 완전히 구획된 실에 각각 저장하는 창고: 1,500m²(가목의 위험물을 저장하는 실의 면적은 500m²를 초과할 수 없다)

정답 (1) 1,000m² (2) 2,000m² (3) 1,000m²

17

아래 가연물에 대하여 알맞은 화재등급을 쓰시오.

(1) 섬유
(2) 낙뢰
(3) 가스
(4) 알루미늄

급수	명칭(화재)	색상	물질
A	일반	백색	목재, 섬유 등
B	유류	황색	유류, 가스 등
C	전기	청색	낙뢰, 합선 등
D	금속	무색	Al, Na, K 등

정답 (1) A (2) C (3) B (4) D

18 ★빈출

다음 위험물의 연소반응식을 쓰시오.

(1) 오황화인
(2) 알루미늄
(3) 마그네슘

---

(1) 오황화인의 연소반응식
  • $2P_2S_5 + 15O_2 \rightarrow 10SO_2 + 2P_2O_5$
  • 오황화인은 연소하여 이산화황과 오산화인을 생성한다.
(2) 알루미늄의 연소반응식
  • $4Al + 3O_2 \rightarrow 2Al_2O_3$
  • 알루미늄은 연소하여 산화알루미늄을 생성한다.
(3) 마그네슘의 연소반응식
  • $2Mg + O_2 \rightarrow 2MgO$
  • 마그네슘은 연소하여 산화마그네슘을 생성한다.

정답
(1) $2P_2S_5 + 15O_2 \rightarrow 10SO_2 + 2P_2O_5$
(2) $4Al + 3O_2 \rightarrow 2Al_2O_3$
(3) $2Mg + O_2 \rightarrow 2MgO$

19

다음은 제조소의 배출설비에 대한 기준이다. 빈칸에 알맞은 말을 쓰시오.

• 배출능력은 1시간당 배출장소 용적의 (①)배 이상인 것으로 하여야 한다. 다만, 전역방식의 경우에는 바닥면적 1m²당 (②)m³ 이상으로 할 수 있다.
• 배출구는 지상 (③)m 이상으로서 연소의 우려가 없는 장소에 설치하고, (④)가 관통하는 벽부분의 바로 가까이에 화재 시 자동으로 폐쇄되는 (⑤)(화재 시 연기 등을 차단하는 장치)를 설치할 것

배출설비의 구조(위험물안전관리법 시행규칙 별표 4)
• 배출능력은 1시간당 배출장소 용적의 20배 이상인 것으로 하여야 한다. 다만, 전역방식의 경우에는 바닥면적 1m²당 18m³ 이상으로 할 수 있다.
• 배출구는 지상 2m 이상으로서 연소의 우려가 없는 장소에 설치하고, 배출 덕트가 관통하는 벽부분의 바로 가까이에 화재 시 자동으로 폐쇄되는 방화댐퍼(화재 시 연기 등을 차단하는 장치)를 설치할 것

정답 ① 20 ② 18 ③ 2 ④ 배출 덕트 ⑤ 방화댐퍼

20 빈출

과산화나트륨 1kg이 1atm, 350℃에서 분해할 때 생성되는 산소의 부피는 몇 L인지 구하시오.

(1) 계산과정
(2) 답

- 과산화나트륨의 분해반응식: $2Na_2O_2 \rightarrow 2Na_2O + O_2$
  과산화나트륨은 분해하여 산화나트륨과 산소를 생성한다.
- 이상기체방정식을 이용하여 산소의 부피를 구하기 위해 $PV = \dfrac{wRT}{M}$ 의 식을 사용한다.
- 위의 반응식에서 과산화나트륨과 산소와의 반응비는 2 : 1이므로 다음과 같은 식이 된다.

$$V = \dfrac{wRT}{PM} = \dfrac{1{,}000g \times 0.082 \times 623K}{1 \times 78g/mol} \times \dfrac{1}{2} = 327.47L$$

- P: 압력(1atm)
- w: 질량 → 1kg = 1,000g
- M: 분자량 → 과산화나트륨(Na_2O_2)의 분자량 = (23 × 2) + (16 × 2) = 78g/mol (Na 원자량: 23, O 원자량: 16)
- R: 기체상수(0.082L · atm/mol · K)
- T: 절대온도(K, 절대온도로 변환하기 위해 273을 더한다.) → 350 + 273 = 623K

정답 (1) [해설참조]
(2) 327.47L

CHAPTER 03
2025 제1회 실기[필답형] 기출복원문제

01

다음 위험물의 증기비중을 구하시오.

(1) 이황화탄소
(2) 아세트알데하이드
(3) 벤젠

> (1) 이황화탄소의 증기비중 = $\dfrac{\text{이황화탄소}(CS_2)\text{의 분자량}}{\text{공기의 평균 분자량}} = \dfrac{12 + (32 \times 2)}{29} = 2.62$
>
> (2) 아세트알데하이드의 증기비중 = $\dfrac{\text{아세트알데하이드}(CH_3CHO)\text{의 분자량}}{\text{공기의 평균 분자량}} = \dfrac{(12 \times 2) + (1 \times 4) + 16}{29} = 1.52$
>
> (3) 벤젠의 증기비중 = $\dfrac{\text{벤젠}(C_6H_6)\text{의 분자량}}{\text{공기의 평균 분자량}} = \dfrac{(12 \times 6) + (1 \times 6)}{29} = 2.69$
>
> (C 원자량: 12, S 원자량: 32, H 원자량: 1, O 원자량: 16)

정답 (1) 2.62 (2) 1.52 (3) 2.69

02 빈출

다음에서 설명하는 물질에 대하여 각 물음에 답하시오.

- 제3류 위험물 중 지정수량 300kg
- 분자량 64
- 비중 2.2
- 질소와 반응하여 석회질소 생성

(1) 화학식
(2) 물과의 화학반응식
(3) 위에서 발생되는 기체의 완전연소반응식

(1) 탄화칼슘의 화학식
- 탄화칼슘(CaC_2)은 제3류 위험물에 속하며, 지정수량 300kg, 분자량 64, 비중 2.2를 가진다.
- 탄화칼슘과 질소의 반응식: $CaC_2 + N_2 \rightarrow CaCN_2 + C$
- 탄화칼슘은 질소와 반응하여 석회질소를 생성한다.

(2) 탄화칼슘과 물의 반응식
- $CaC_2 + 2H_2O \rightarrow Ca(OH)_2 + C_2H_2$
- 탄화칼슘은 물과 반응하여 수산화칼슘과 아세틸렌 가스를 발생한다.

(3) 아세틸렌의 완전연소반응식
- $2C_2H_2 + 5O_2 \rightarrow 4CO_2 + 2H_2O$
- 아세틸렌은 연소하여 이산화탄소와 물을 생성한다.

(1) CaC_2
(2) $CaC_2 + 2H_2O \rightarrow Ca(OH)_2 + C_2H_2$
(3) $2C_2H_2 + 5O_2 \rightarrow 4CO_2 + 2H_2O$

03 빈출

다음 각 위험물에 대하여 운반 시 혼재가 불가능한 위험물을 모두 쓰시오. (단, 지정수량의 1/10을 초과하여 운반하는 경우이다.)

(1) 제2류 위험물
(2) 제3류 위험물
(3) 제4류 위험물

유별을 달리하는 위험물 혼재기준(지정수량 1/10배 초과)(위험물안전관리법 시행규칙 별표 19)				
1	6			혼재 가능
2	5	4		혼재 가능
3	4			혼재 가능

(1) 제1류 위험물, 제3류 위험물, 제6류 위험물
(2) 제1류 위험물, 제2류 위험물, 제5류 위험물, 제6류 위험물
(3) 제1류 위험물, 제6류 위험물

04 빈출

다음 위험물의 연소반응식을 쓰시오.

(1) 삼황화인
(2) 오황화인
(3) 알루미늄분

---

(1) 삼황화인의 연소반응식
- $P_4S_3 + 8O_2 \rightarrow 3SO_2 + 2P_2O_5$
- 삼황화인은 연소하여 이산화황과 오산화인을 생성한다.

(2) 오황화인의 연소반응식
- $2P_2S_5 + 15O_2 \rightarrow 10SO_2 + 2P_2O_5$
- 오황화인은 연소하여 이산화황과 오산화인을 생성한다.

(3) 알루미늄분의 연소반응식
- $4Al + 3O_2 \rightarrow 2Al_2O_3$
- 알루미늄은 연소하여 산화알루미늄을 생성한다.

정답
(1) $P_4S_3 + 8O_2 \rightarrow 3SO_2 + 2P_2O_5$
(2) $2P_2S_5 + 15O_2 \rightarrow 10SO_2 + 2P_2O_5$
(3) $4Al + 3O_2 \rightarrow 2Al_2O_3$

05

유기과산화물 지정수량 10kg을 저장 또는 취급하는 옥내저장소의 기준에 대하여 다음 물음에 답하시오.

(1) 위험등급을 쓰시오.
(2) 옥내저장소의 바닥면적은 몇 m² 이하이어야 하는지 쓰시오.
(3) 저장창고 외벽을 철근콘크리트조로 할 경우 두께는 몇 cm 이상이어야 하는지 쓰시오.

제5류 위험물(자기반응성 물질)

등급	품명	지정수량(kg)	위험물	분자식
I	질산에스터류	종 판단 필요	질산메틸	CH_3ONO_2
			질산에틸	$C_2H_5ONO_2$
		10kg(제1종)	나이트로글리세린	$C_3H_5(ONO_2)_3$
			나이트로글리콜	-
			나이트로셀룰로오스	-
		100kg(제2종)	셀룰로이드	
	유기과산화물	100kg(제2종)	과산화벤조일	$(C_6H_5CO)_2O_2$
			아세틸퍼옥사이드	-

옥내저장소의 위치, 구조 및 설비의 기준(위험물안전관리법 시행규칙 별표 5)
- 제5류 위험물 중 유기과산화물 또는 이를 함유하는 것으로서 지정수량이 10kg인 것(이하 "지정과산화물"이라 한다) 하나의 저장창고의 바닥면적(2 이상의 구획된 실이 있는 경우에는 각 실의 바닥면적의 합계)은 아래 기준에 의한 면적 이하로 하여야 한다.
- 다음의 위험물을 저장하는 창고: 1,000m²
  - 제5류 위험물 중 유기과산화물, 질산에스터류 그 밖에 지정수량이 10kg인 위험물
  - 저장창고의 외벽은 두께 20cm 이상의 철근콘크리트조나 철골철근콘크리트조 또는 두께 30cm 이상의 보강콘크리트블록조로 할 것

정답 (1) I등급 (2) 1,000m² (3) 20cm

06

다음 내용은 위험물안전관리법상 산화성 고체의 정의이다. 내용에 표시된 액체와 기체의 정의에 대하여 쓰시오.

> "산화성 고체"라 함은 고체[액체(①) 또는 기체(②) 외의 것을 말한다. 이하 같다]로서 산화력의 잠재적인 위험성 또는 충격에 대한 민감성을 판단하기 위하여 소방청장이 정하여 고시(이하 "고시"라 한다)하는 시험에서 고시로 정하는 성질과 상태를 나타내는 것을 말한다.

(1) 액체
(2) 기체

산화성 고체(위험물안전관리법 시행령 별표 1)
"산화성 고체"라 함은 고체[액체(1기압 및 섭씨 20도에서 액상인 것 또는 섭씨 20도 초과 섭씨 40도 이하에서 액상인 것을 말한다. 이하 같다) 또는 기체(1기압 및 섭씨 20도에서 기상인 것을 말한다) 외의 것을 말한다. 이하 같다]로서 산화력의 잠재적인 위험성 또는 충격에 대한 민감성을 판단하기 위하여 소방청장이 정하여 고시(이하 "고시"라 한다)하는 시험에서 고시로 정하는 성질과 상태를 나타내는 것을 말한다.

정답 (1) 액체: 1기압 및 섭씨 20도에서 액상인 것 또는 섭씨 20도 초과 섭씨 40도 이하에서 액상인 것을 말한다.
(2) 기체: 1기압 및 섭씨 20도에서 기상인 것을 말한다.

07

다음 보기를 보고 물과 반응하여 산소를 발생하는 위험물을 모두 골라 쓰시오.

[보기]
a. 과염소산칼륨   b. 과산화나트륨   c. 과산화바륨   d. 질산칼륨   e. 질산암모늄

- 알칼리금속과산화물은 물과 반응하여 산소를 발생하고 폭발의 위험이 있다.
- 과산화나트륨과 물의 반응식: $2Na_2O_2 + 2H_2O \rightarrow 4NaOH + O_2$
  과산화나트륨은 물과 반응하여 수산화나트륨과 산소를 발생한다.
- 과산화바륨과 물의 반응식: $2BaO_2 + 2H_2O \rightarrow 2Ba(OH)_2 + O_2$
  과산화바륨은 물과 반응하여 수산화바륨과 산소를 발생한다.

정답 b. 과산화나트륨, c. 과산화바륨

08 빈출

탄화알루미늄에 대하여 아래 물음에 알맞은 답을 쓰시오.

(1) 물과의 반응식
(2) 위에서 발생한 기체의 연소반응식

(1) 탄화알루미늄과 물의 연소반응식
  - $Al_4C_3 + 12H_2O \rightarrow 4Al(OH)_3 + 3CH_4$
  - 탄화알루미늄은 물과 반응하여 수산화알루미늄과 메탄을 생성한다.
(2) 메탄의 연소반응식
  - $CH_4 + 2O_2 \rightarrow CO_2 + 2H_2O$
  - 메탄은 연소하여 이산화탄소와 물을 생성한다.

정답 (1) $Al_4C_3 + 12H_2O \rightarrow 4Al(OH)_3 + 3CH_4$
(2) $CH_4 + 2O_2 \rightarrow CO_2 + 2H_2O$

09

아래 화학식을 보고 명칭과 지정수량을 쓰시오.

(1) CH_2CHOCH_3
(2) C_6H_5Cl
(3) $C_6H_5NO_2$
(4) CH_3COOH
(5) $C_6H_5NH_2$

화학식	명칭	지정수량
CH_2CHOCH_3	산화프로필렌	50L
C_6H_5Cl	클로로벤젠	1,000L
$C_6H_5NO_2$	나이트로벤젠	2,000L
CH_3COOH	아세트산	2,000L
$C_6H_5NH_2$	아닐린	2,000L

정답 [해설참조]

10 빈출

다음 분말 소화약제의 주성분을 화학식으로 쓰시오.

(1) 제1종 분말 소화약제
(2) 제2종 분말 소화약제
(3) 제3종 분말 소화약제

분말 소화약제의 종류

약제명	주성분	분해식	색상	적응화재
제1종	탄산수소나트륨	$2NaHCO_3 \rightarrow Na_2CO_3 + CO_2 + H_2O$	백색	BC
제2종	탄산수소칼륨	$2KHCO_3 \rightarrow K_2CO_3 + CO_2 + H_2O$	보라색 (담회색)	BC
제3종	인산암모늄	1차: $NH_4H_2PO_4 \rightarrow NH_3 + H_3PO_4$ 2차: $NH_4H_2PO_4 \rightarrow NH_3 + HPO_3 + H_2O$	담홍색	ABC
제4종	탄산수소칼륨 + 요소	–	회색	BC

정답 (1) $NaHCO_3$ (2) $KHCO_3$ (3) $NH_4H_2PO_4$

11

아래와 같이 지하에 위험물 저장탱크를 2기 이상 설치할 때, 각 탱크 사이의 거리를 쓰시오.

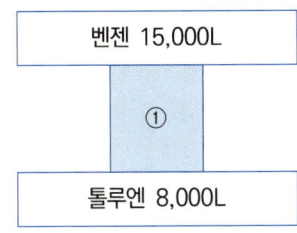
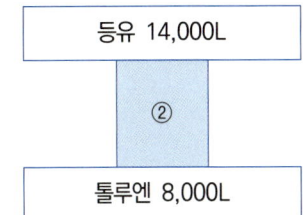

지하탱크저장소의 위치, 구조 및 설비의 기준(위험물안전관리법 시행규칙 별표 8)
지하저장탱크를 2 이상 인접해 설치하는 경우에는 그 상호간에 1m(당해 2 이상의 지하저장탱크의 용량의 합계가 지정수량의 100배 이하인 때에는 0.5m) 이상의 간격을 유지하여야 한다. 다만, 그 사이에 탱크전용실의 벽이나 두께 20cm 이상의 콘크리트 구조물이 있는 경우에는 그러하지 아니하다.

위험물	지정수량	지정수량의 배수
벤젠	200L	$\frac{15,000}{200} = 75$
톨루엔	200L	$\frac{8,000}{200} = 40$
등유	1,000L	$\frac{14,000}{1,000} = 14$

①: 당해 2 이상의 지하저장탱크의 용량의 합계가 지정수량의 100배 이상이므로 상호간 간격은 1m이다.
②: 당해 2 이상의 지하저장탱크의 용량의 합계가 지정수량의 100배 이하이므로 상호간 간격은 0.5m이다.

정답 ① 1m ② 0.5m

12

제4류 위험물 중 분자량이 76이고 비중이 1.26인 위험물에 대하여 아래 질문에 알맞은 답을 쓰시오.

(1) 품명
(2) 연소반응식
(3) 물과의 반응식

- 이황화탄소(CS_2) 분자량: $12 + (32 \times 2) = 76$
- 이황화탄소의 품명: 특수인화물
- 이황화탄소의 완전연소반응식: $CS_2 + 3O_2 \rightarrow CO_2 + 2SO_2$
  이황화탄소는 완전연소하여 이산화탄소와 이산화황을 생성한다.
- 이황화탄소 물과 반응식: $CS_2 + 2H_2O \rightarrow CO_2 + 2H_2S$
  이황화탄소는 물과 반응하여 이산화탄소와 황화수소를 생성한다.

정답 (1) 특수인화물
(2) $CS_2 + 3O_2 \rightarrow CO_2 + 2SO_2$
(3) $CS_2 + 2H_2O \rightarrow CO_2 + 2H2_2$

13

다음 물음에 답하시오. (단, 해당 없으면 '해당 없음'이라고 쓰시오.)

(1) 고정주유설비와 부지경계선까지의 거리를 쓰시오.
(2) 고정급유설비와 부지경계선까지의 거리를 쓰시오.
(3) 고정주유설비과 도로경계선까지의 거리를 쓰시오.
(4) 고정급유설비와 도로경계선까지의 거리를 쓰시오.
(5) 고정주유설비와 개구부가 없는 벽까지의 거리를 쓰시오.

고정주유설비 또는 고정급유설비 설치 기준(위험물안전관리법 시행규칙 별표 13)

구분	고정주유설비의 중심선 기준	고정급유설비의 중심선 기점
부지경계선·담	2m 이상	1m 이상
도로경계선	4m 이상	4m 이상
개구부가 없는 벽	1m 이상	1m 이상
건축물의 벽	2m 이상	2m 이상

정답 (1) 2m 이상 (2) 1m 이상 (3) 4m 이상 (4) 4m 이상 (5) 1m 이상

14

위험물 운반용기 성능 기준에 관해 소방청장이 정하여 고시하는 시험 3가지를 쓰시오.

> 위험물의 운반에 관한 기준(위험물안전관리법 시행규칙 별표 19)
> 소방청장이 정하여 고시하는 낙하시험, 기밀시험, 내압시험 및 겹쳐쌓기시험에서 소방청장이 정하여 고시하는 기준에 적합할 것. 다만, 수납하는 위험물의 품명, 수량, 성질과 상태 등에 따라 소방청장이 정하여 고시하는 용기에 있어서는 그러하지 아니하다.

정답 낙하시험, 기밀시험, 내압시험, 겹쳐쌓기시험 중 3가지

15

아래 표를 보고 빈칸에 알맞은 답을 쓰시오.

위험물	지정수량
황	100kg
황화인	(　)kg
인화성 고체	1,000kg
금속분	500kg
(　　)	500kg

위험물	지정수량
황	100kg
황화인	(100)kg
인화성 고체	1,000kg
금속분	500kg
(철분, 마그네슘)	500kg

정답 [해설참조]

16

염소산칼륨에 대하여 아래 물음에 알맞은 답을 쓰시오.

(1) 완전분해반응식
(2) 염소산칼륨 50kg가 표준상태에서 분해 시 생성되는 산소의 부피는 몇 m^3인가? (단, 분자량은 122.5이다.)

---

(1) 염소산칼륨의 완전분해반응식
- $2KClO_3 \rightarrow 2KCl + 3O_2$
- 염소산칼륨은 완전분해하여 염화칼륨과 산소를 생성한다.

(2) 표준상태에서 염소산칼륨 1kg 완전분해 시 생성되는 산소의 부피(m^3)
- 이상기체방정식을 이용하여 산소의 부피를 구하기 위해 $PV = \dfrac{wRT}{M}$의 식을 사용한다.
- 염소산칼륨과 산소는 2 : 3의 비율로 반응하므로 다음과 같은 식이 된다.

[*표준상태: 0℃, 1기압]

$$V = \dfrac{wRT}{PM} = \dfrac{50kg \times 0.082 \times 273K}{1 \times 122.5kg/kmol} \times \dfrac{3}{2} = 13.71m^3$$

- P: 압력(1atm)
- w: 질량 → 50kg
- M: 분자량 → 염소산칼륨($KClO_3$)의 분자량 = 122.5kg/kmol (K 원자량: 39, Cl 원자량: 35.5, O 원자량: 16)
- R: 기체상수($0.082m^3 \cdot atm/kmol \cdot K$)
- T: 절대온도(K, 절대온도로 변환하기 위해 273을 더한다) → 0 + 273 = 273K

정답 (1) $2KClO_3 \rightarrow 2KCl + 3O_2$
(2) $13.71m^3$

17

다음 물질의 시성식을 쓰시오.

(1) 나이트로글리세린
(2) 트라이나이트로톨루엔
(3) 트라이나이트로페놀
(4) 질산메틸
(5) 아조벤젠

위험물	품명	시성식
나이트로글리세린	제5류 위험물	$C_3H_5(ONO_2)_3$
트라이나이트로톨루엔		$C_6H_2(NO_2)_3CH_3$
트라이나이트로페놀		$C_6H_2(NO_2)_3OH$
질산메틸		CH_3ONO_2
아조벤젠		$C_{21}H_{10}N_2$

정답
(1) $C_3H_5(ONO_2)_3$
(2) $C_6H_2(NO_2)_3CH_3$
(3) $C_6H_2(NO_2)_3OH$
(4) CH_3ONO_2
(5) $C_{12}H_{10}N_2$

18

제6류 위험물 중 한 물질이 하이드라진과 만나면 격렬히 반응하고 폭발한다. 다음 물음에 답하시오.

(1) 위험물일 조건
(2) 하이드라진과의 폭발반응식

(1) 과산화수소(H_2O_2)의 위험물 기준
   농도 36wt% 이상의 과산화수소는 위험물 규제 대상에 포함된다.
(2) 과산화수소와 하이드라진의 폭발반응식
   • $2H_2O_2 + N_2H_4 \rightarrow N_2 + 4H_2O$
   • 과산화수소는 하이드라진과 반응하여 질소와 물을 발생한다.

정답 (1) 농도 36wt% 이상일 때 위험물로 간주한다.
(2) $2H_2O_2 + N_2H_4 \rightarrow N_2 + 4H_2O$

19

위험물제조소등에 설치하여야 하는 자동화재탐지설비의 설치기준에 대하여 빈칸에 알맞은 답을 쓰시오.

- 자동화재탐지설비의 경계구역(화재가 발생한 구역을 다른 구역과 구분하여 식별할 수 있는 최소단위의 구역을 말한다. 이하 "경계구역"이라 한다)은 건축물 그 밖의 공작물의 2 이상의 층에 걸치지 아니하도록 할 것. 다만, 하나의 경계구역의 면적이 (①) 이하이면서 당해 경계구역이 두 개의 층에 걸치는 경우이거나 계단·경사로·승강기의 승강로 그 밖에 이와 유사한 장소에 연기감지기를 설치하는 경우에는 그러하지 아니하다.
- 하나의 경계구역의 면적은 (②) 이하로 하고 그 한 변의 길이는 (③)[광전식분리형 감지기를 설치할 경우에는 (④)]이하로 할 것. 다만, 당해 건축물 그 밖의 공작물의 주요한 출입구에서 그 내부의 전체를 볼 수 있는 경우에 있어서는 그 면적을 (⑤) 이하로 할 수 있다.

소화설비, 경보설비 및 피난설비의 기준(위험물안전관리법 시행규칙 별표 17)

자동화재탐지설비의 경계구역(화재가 발생한 구역을 다른 구역과 구분하여 식별할 수 있는 최소단위의 구역을 말한다. 이하 이 호에서 같다)은 건축물 그 밖의 공작물의 2 이상의 층에 걸치지 아니하도록 할 것. 다만, 하나의 경계구역의 면적이 500㎡ 이하이면서 당해 경계구역이 두개의 층에 걸치는 경우이거나 계단·경사로·승강기의 승강로 그 밖에 이와 유사한 장소에 연기감지기를 설치하는 경우에는 그러하지 아니하다.
나. 하나의 경계구역의 면적은 600㎡ 이하로 하고 그 한 변의 길이는 50m(광전식분리형 감지기를 설치할 경우에는 100m)이하로 할 것. 다만, 당해 건축물 그 밖의 공작물의 주요한 출입구에서 그 내부의 전체를 볼 수 있는 경우에 있어서는 그 면적을 1,000㎡ 이하로 할 수 있다.

정답 ① 500㎡ ② 600㎡ ③ 50m ④ 100m ⑤ 1,000㎡
(단위를 작성하지 않으면 정답으로 인정되지 않기 때문에 반드시 단위를 기입해야 합니다)

20

다음 빈칸에 알맞은 답을 쓰시오.

- 가압용 가스를 질소가스로 사용하는 것의 질소가스는 소화약제 1킬로그램마다 (①)리터(섭씨 35도에서 1기압의 압력상태로 환산한 것) 이상, 이산화탄소를 사용하는 것의 이산화탄소는 소화약제 1킬로그램에 대하여 (②)그램에 배관의 청소에 필요한 양을 가산한 양 이상으로 할 것
- 축압용 가스에 질소가스를 사용하는 것의 질소가스는 소화약제 1킬로그램에 대하여 (③)리터(섭씨 35도에서 1기압의 압력상태로 환산한 것) 이상, 이산화탄소를 사용하는 것의 이산화탄소는 소화약제 1킬로그램에 대하여 (④)그램에 배관의 청소에 필요한 양을 가산한 양 이상으로 할 것

가압용 가스와 축압용 가스의 설치 기준(분말소화설비의 화재안전성능기준 제5조)
가압용 가스 또는 축압용 가스는 다음의 기준에 따라 설치한다.
1. 가압용 가스 또는 축압용 가스는 질소가스 또는 이산화탄소로 할 것
2. 가압용 가스를 질소가스로 사용하는 것의 질소가스는 소화약제 1킬로그램마다 40리터(섭씨 35도에서 1기압의 압력상태로 환산한 것) 이상, 이산화탄소를 사용하는 것의 이산화탄소는 소화약제 1킬로그램에 대하여 20그램에 배관의 청소에 필요한 양을 가산한 양 이상으로 할 것
3. 축압용 가스에 질소가스를 사용하는 것의 질소가스는 소화약제 1킬로그램에 대하여 10리터(섭씨 35도에서 1기압의 압력상태로 환산한 것) 이상, 이산화탄소를 사용하는 것의 이산화탄소는 소화약제 1킬로그램에 대하여 20그램에 배관의 청소에 필요한 양을 가산한 양 이상으로 할 것

정답 ① 40　② 20　③ 10　④ 20

CHAPTER 04
2024 제3회 실기[필답형] 기출복원문제

01 ★빈출

제5류 위험물에 대하여 다음 [보기]의 물질을 보고 해당 위험등급별로 구분하여 쓰시오. (단, 없으면 없음이라고 쓰시오.)

―― [보기] ――
하이드라진유도체, 질산에스터류, 나이트로화합물, 아조화합물, 유기과산화물, 하이드록실아민

(1) Ⅰ등급
(2) Ⅱ등급
(3) Ⅲ등급

제5류 위험물(자기반응성 물질)

등급	품명	지정수량	위험물	분자식	기타
Ⅰ	질산에스터류	종 판단 필요	질산메틸	CH_3ONO_2	-
			질산에틸	$C_2H_5ONO_2$	
		10kg(제1종)	나이트로글리세린	$C_3H_5(ONO_2)_3$	
			나이트로글리콜		
			나이트로셀룰로오스	-	
		100kg(제2종)	셀룰로이드		
	유기과산화물	100kg(제2종)	과산화벤조일	$(C_6H_5CO)_2O_2$	• 과산화메틸케톤
			아세틸퍼옥사이드	-	
Ⅱ	하이드록실아민	100kg(제2종)		NH_2OH	-
	하이드록실아민염류			-	
	나이트로화합물	10kg(제1종)	트라이나이트로톨루엔	$C_6H_2(NO_2)_3CH_3$	• 다이나이트로벤젠 • 다이나이트로톨루엔
			트라이나이트로페놀	$C_6H_2(NO_2)_3OH$	
			테트릴		
	나이트로소화합물	100kg(제2종)	-		-
	아조화합물	10kg(제1종)	1H-Tetrazol-5-amine 등		
		종 판단 필요	아자이드화납 등		
		100kg(제2종)	아조비스이소부티로니트릴 등		
	다이아조화합물	종 판단 필요	-		
	하이드라진유도체	100kg(제2종)			
	질산구아니딘	종 판단 필요			

정답
(1) 질산에스터류, 유기과산화물
(2) 하이드라진유도체, 나이트로화합물, 아조화합물, 하이드록실아민
(3) 없음

02

위험물안전관리법령상 옥외탱크저장소 보유공지 기준에 알맞게 빈칸에 알맞은 말을 쓰시오.

저장 또는 취급하는 위험물의 최대수량	공지의 너비
지정수량의 500배 이하	(①)m 이상
지정수량의 500배 초과 1,000배 이하	(②)m 이상
지정수량의 1,000배 초과 2,000배 이하	(③)m 이상
지정수량의 2,000배 초과 3,000배 이하	(④)m 이상
지정수량의 3,000배 초과 4,000배 이하	(⑤)m 이상

옥외탱크저장소의 보유공지(위험물안전관리법 시행규칙 별표 6)

저장 또는 취급하는 위험물의 최대수량	공지의 너비
지정수량의 500배 이하	3m 이상
지정수량의 500배 초과 1,000배 이하	5m 이상
지정수량의 1,000배 초과 2,000배 이하	9m 이상
지정수량의 2,000배 초과 3,000배 이하	12m 이상
지정수량의 3,000배 초과 4,000배 이하	15m 이상

정답 ① 3m ② 5m ③ 9m ④ 12m ⑤ 15m

03 빈출

탄화알루미늄과 물이 반응하여 생성되는 기체에 대하여 다음 물음에 답하시오.

(1) 연소반응식
(2) 연소범위
(3) 위험도

- 탄화알루미늄과 물의 연소반응식: $Al_4C_3 + 12H_2O \rightarrow 4Al(OH)_3 + 3CH_4$
  탄화알루미늄은 물과 반응하여 수산화알루미늄과 메탄을 생성한다.
- 메탄의 연소반응식: $CH_4 + 2O_2 \rightarrow CO_2 + 2H_2O$
  메탄은 연소하여 이산화탄소와 물을 생성한다.
- 메탄의 연소범위는 5~15%이므로 위험도는 다음과 같다.

$$위험도 = \frac{연소상한 - 연소하한}{연소범위하한} = \frac{15-5}{5} = 2$$

정답 (1) $CH_4 + 2O_2 \rightarrow CO_2 + 2H_2O$
(2) 5~15%
(3) 2

04

다음 물질이 위험물로 성립되는 조건을 쓰시오. (단, 없으면 없음이라 쓰시오.)

(1) 과산화수소
(2) 과염소산
(3) 질산

제6류 위험물(산화성 액체)

위험물	화학식	위험물 기준	지정수량
과산화수소	H_2O_2	농도 36wt% 이상	300kg
과염소산	$HClO_4$	–	300kg
질산	HNO_3	비중 1.49 이상	300kg

정답 (1) 농도 36wt% 이상 (2) 없음 (3) 비중 1.49 이상

05 ★빈출

가연물 표면에 부착성 막을 만들어 산소의 유입을 차단하는 역할을 하는 메타인산이 발생하는 분말 소화약제에 대하여 다음 물음에 답하시오.

(1) 분말 소화약제의 종류를 쓰시오.
(2) 이 분말 소화약제의 주성분을 화학식으로 쓰시오.

분말 소화약제의 종류

약제명	주성분	분해식	색상	적응화재
제1종	탄산수소나트륨	$2NaHCO_3 \rightarrow Na_2CO_3 + CO_2 + H_2O$	백색	BC
제2종	탄산수소칼륨	$2KHCO_3 \rightarrow K_2CO_3 + CO_2 + H_2O$	보라색 (담회색)	BC
제3종	인산암모늄	1차: $NH_4H_2PO_4 \rightarrow NH_3 + H_3PO_4$ 2차: $NH_4H_2PO_4 \rightarrow NH_3 + HPO_3 + H_2O$	담홍색	ABC
제4종	탄산수소칼륨 + 요소	–	회색	BC

- 인산암모늄의 열분해반응식: $NH_4H_2PO_4 \rightarrow NH_3 + HPO_3 + H_2O$
- 인산암모늄은 열분해하여 암모니아, 메타인산, 물을 생성한다.

정답 (1) 제3종 분말 소화약제 (2) $NH_4H_2PO_4$

06 ★빈출

염소산칼륨에 대하여 다음 물음에 답하시오.

(1) 완전분해반응식
(2) 염소산칼륨 24.5kg이 표준상태에서 완전분해 시 생성되는 산소의 부피(m^3)를 구하시오.

---

(1) 염소산칼륨의 완전분해반응식
  - $2KClO_3 \rightarrow 2KCl + 3O_2$
  - 염소산칼륨은 완전분해하여 염화칼륨과 산소를 생성한다.

(2) 염소산칼륨 24.5kg이 표준상태에서 완전분해 시 생성되는 산소의 부피(m^3)
  - 이상기체방정식을 이용하여 산소의 부피를 구하기 위해 $PV = \dfrac{wRT}{M}$의 식을 사용한다.
  - (1)의 반응식을 통해 염소산칼륨과 산소의 반응비는 2 : 3이므로 다음과 같은 식이 된다.

  $V = \dfrac{wRT}{PM} = \dfrac{24.5kg \times 0.082 \times 273K}{1 \times 122.5kg/kmol} \times \dfrac{3}{2} = 6.72m^3$

  [*표준상태: 0℃, 1기압]
  - P: 압력(1atm)
  - w: 질량 → 24.5kg
  - M: 분자량 → 염소산칼륨($KClO_3$)의 분자량 = 39 + 35.5 + (16 × 3) = 122.5kg/kmol (K 원자량: 39, Cl 원자량: 35.5, O 원자량: 16)
  - V: 부피(m^3)
  - R: 기체상수(0.082m^3 · atm/kmol · K)
  - T: 절대온도(K, 절대온도로 변환하기 위해 273을 더한다.) → 0 + 273 = 273K

정답 (1) $2KClO_3 \rightarrow 2KCl + 3O_2$
     (2) $6.72m^3$

---

07 ★빈출

다음 표에 위험물 운반에 관한 혼재기준에 맞게 ○와 ×를 채우시오.

위험물의 구분	제1류	제2류	제3류	제4류	제5류	제6류
제1류						
제2류						
제3류						
제4류						
제5류						
제6류						

유별을 달리하는 위험물 혼재기준(지정수량 1/10배 초과)(위험물안전관리법 시행규칙 별표 19)

1	6		혼재 가능
2	5	4	혼재 가능
3	4		혼재 가능

정답

위험물의 구분	제1류	제2류	제3류	제4류	제5류	제6류
제1류		×	×	×	×	○
제2류	×		×	○	○	×
제3류	×	×		○	×	×
제4류	×	○	○		○	×
제5류	×	○	×	○		×
제6류	○	×	×	×	×	

08

다음 표를 보고 빈칸에 알맞은 말을 쓰시오.

> 휘발유를 저장하던 이동저장탱크에 등유나 경유를 주입할 때 또는 등유나 경유를 저장하던 이동저장탱크에 휘발유를 주입할 때에는 다음의 기준에 따라 정전기 등에 의한 재해를 방지하기 위한 조치를 할 것
> - 이동저장탱크의 상부로부터 위험물을 주입할 때에는 위험물의 액표면이 주입관의 끝부분을 넘는 높이가 될 때까지 그 주입관 내의 유속을 초당 (①) 이하로 할 것
> - 이동저장탱크의 밑부분으로부터 위험물을 주입할 때에는 위험물의 액표면이 주입관의 정상부분을 넘는 높이가 될 때까지 그 주입배관 내의 유속을 초당 (②) 이하로 할 것
> - 그 밖의 방법에 의한 위험물의 주입은 이동저장탱크에 가연성 증기가 잔류하지 아니하도록 조치하고 안전한 상태로 있음을 확인한 후에 할 것

이동탱크저장소에서의 취급기준(위험물안전관리법 시행규칙 별표 8)
휘발유를 저장하던 이동저장탱크에 등유나 경유를 주입할 때 또는 등유나 경유를 저장하던 이동저장탱크에 휘발유를 주입할 때에는 다음의 기준에 따라 정전기 등에 의한 재해를 방지하기 위한 조치를 할 것
- 이동저장탱크의 상부로부터 위험물을 주입할 때에는 위험물의 액표면이 주입관의 끝부분을 넘는 높이가 될 때까지 그 주입관 내의 유속을 초당 1m 이하로 할 것
- 이동저장탱크의 밑부분으로부터 위험물을 주입할 때에는 위험물의 액표면이 주입관의 정상부분을 넘는 높이가 될 때까지 그 주입배관 내의 유속을 초당 1m 이하로 할 것
- 그 밖의 방법에 의한 위험물의 주입은 이동저장탱크에 가연성 증기가 잔류하지 아니하도록 조치하고 안전한 상태로 있음을 확인한 후에 할 것

정답 ① 1m ② 1m

09

위험물 옥내저장소에 다음 위험물을 저장할 때 하나의 저장창고의 바닥면적은 몇 m² 이하로 하여야 하는지 쓰시오.

(1) 염소산염류
(2) 제2석유류
(3) 유기과산화물

> **옥내저장소의 위치, 구조 및 설비의 기준(위험물안전관리법 시행규칙 별표 5)**
> 하나의 저장창고의 바닥면적(2 이상의 구획된 실이 있는 경우에는 각 실의 바닥면적의 합계)은 다음 각목의 구분에 의한 면적 이하로 하여야 한다. 이 경우 가목의 위험물과 나목의 위험물을 같은 저장창고에 저장하는 때에는 가목의 위험물을 저장하는 것으로 보아 그에 따른 바닥면적을 적용한다.
> 가. 다음의 위험물을 저장하는 창고: 1,000m²
>   1) 제1류 위험물 중 아염소산염류, 염소산염류, 과염소산염류, 무기과산화물 그 밖에 지정수량이 50kg인 위험물
>   2) 제3류 위험물 중 칼륨, 나트륨, 알킬알루미늄, 알킬리튬 그 밖에 지정수량이 10kg인 위험물 및 황린
>   3) 제4류 위험물 중 특수인화물, 제1석유류 및 알코올류
>   4) 제5류 위험물 중 유기과산화물, 질산에스터류 그 밖에 지정수량이 10kg인 위험물
>   5) 제6류 위험물
> 나. 가목의 위험물 외의 위험물을 저장하는 창고: 2,000m²
> 다. 가목의 위험물과 나목의 위험물을 내화구조의 격벽으로 완전히 구획된 실에 각각 저장하는 창고: 1,500m²(가목의 위험물을 저장하는 실의 면적은 500m²를 초과할 수 없다)

정답 (1) 1,000m²
       (2) 2,000m²
       (3) 1,000m²

10

다음 [보기]의 위험물 중에서 수용성인 물질을 모두 찾아 고르시오.

─────[보기]─────
아세톤, 아세트알데하이드, 벤젠, 톨루엔, 휘발유, 메틸알코올, 클로로벤젠

제4류 위험물(인화성 액체)

위험물	품명	수용성 여부	지정수량
아세톤	제1석유류	수용성	400L
아세트알데하이드	특수인화물	수용성	50L
벤젠	제1석유류	비수용성	200L
톨루엔	제1석유류	비수용성	200L
휘발유	제1석유류	비수용성	200L
메틸알코올	알코올류	수용성	400L
클로로벤젠	제2석유류	비수용성	1,000L

정답 아세톤, 아세트알데하이드, 메틸알코올

11 빈출

금속나트륨에 대하여 다음 물음에 답하시오.

(1) 지정수량
(2) 보관 시 보관액
(3) 물과의 반응식

나트륨(Na) - 제3류 위험물
- 금속나트륨은 제3류 위험물로 지정수량이 10kg이다.
- 금속나트륨과 물의 반응식: $2Na + 2H_2O \rightarrow 2NaOH + H_2$
  금속나트륨은 물과 반응하여 수산화나트륨과 수소를 발생한다.
- 이때, 발생되는 수소는 폭발의 위험이 있으므로 물과 접촉하지 않는 석유류에 넣어 보관한다.

 정답
(1) 10kg
(2) 석유류
(3) $2Na + 2H_2O \rightarrow 2NaOH + H_2$

12

옥내저장탱크에 대하여 다음 물음에 답하시오.

(1) 탱크 상호 간 거리를 쓰시오. (단, 탱크의 점검 및 보수에 지장이 없는 경우는 제외한다.)
(2) 탱크전용실 벽과 탱크 사이의 거리를 쓰시오.
(3) 메틸알코올을 저장할 수 있는 탱크의 용량을 구하는 계산과정과 답을 쓰시오. (단, 옥내저장탱크 1층 이하의 층에 설치된 경우이다.)

옥내탱크저장소의 기준(위험물안전관리법 시행규칙 별표 7)
- 옥내저장탱크와 탱크전용실의 벽과의 사이 및 옥내저장탱크의 상호간에는 0.5m 이상의 간격을 유지할 것. 다만, 탱크의 점검 및 보수에 지장이 없는 경우에는 그러하지 아니하다.
- 옥내저장탱크의 용량(동일한 탱크전용실에 옥내저장탱크를 2 이상 설치하는 경우에는 각 탱크의 용량의 합계를 말한다)은 지정수량의 40배 (제4석유류 및 동식물유류 외의 제4류 위험물에 있어서 당해 수량이 20,000L를 초과할 때에는 20,000L) 이하일 것
- 메틸알코올은 제4류 위험물 중 알코올류로 지정수량은 400L이므로 탱크용량은 400L × 40 = 16,000L이다.

 정답
(1) 0.5m 이상
(2) 0.5m 이상
(3) 400L × 40 = 16,000L

13

다음 [보기]에서 설명하는 위험물에 대하여 다음 질문에 알맞은 말을 쓰시오.

―――――――――――[보기]―――――――――――
- 휘발성이 있는 투명한 액체이다.
- 화장품과 소독약의 원료로 사용된다.
- 아이오딘포름 반응을 한다.
- 증기는 마취성이 있고 물에 잘 녹는다.
- 산화하면 아세트알데하이드가 된다.

(1) 이 물질의 화학식을 쓰시오.
(2) 이 물질의 지정수량을 쓰시오.
(3) 진한 황산과 축합중합반응하여 생성되는 제4류 위험물의 화학식을 쓰시오.

에틸알코올의 특징
- 에틸알코올(제4류 위험물 중 알코올류, 지정수량 400L)은 휘발성이 있는 투명한 액체로, 일상생활에서는 음료나 소독제 등 다양한 용도로 사용된다.
- 물에 잘 녹고 향균성을 가져 화장품과 소독약의 원료로도 사용된다.
- 에틸알코올과 진한 황산의 축합중합반응식: $2C_2H_5OH \xrightarrow{H_2SO_4} C_2H_5OC_2H_5 + H_2O$
  - 위 반응식에서 에틸알코올의 축합중합반응에서 생성되는 다이에틸에터의 반응은 일반적으로 산을 촉매로 사용하여 이루어지는 탈수 반응이다.
  - 이 과정에서 진한 황산(H_2SO_4)은 주로 촉매로 작용하여 두 분자의 에틸알코올에서 물(H_2O) 한 분자를 제거함으로써 다이에틸에터를 생성한다.

정답
(1) C_2H_5OH
(2) 400L
(3) $C_2H_5OC_2H_5$

14

다음 소화약제를 보고 각각 알맞은 화학식을 쓰시오.

(1) 할론 2402
(2) 할론 1211
(3) HFC-23
(4) HFC-125

- 할론명명법: C, F, Cl, Br 순으로 원소의 개수를 나열할 것
  - Halon 2402: $C_2F_4Br_2$
  - Halon 1211: CF_2ClBr
- 할로겐(할로젠)화합물 및 불활성 기체 소화설비의 화재안전성능기준에 의한 표기는 다음과 같다.
  - HFC-23(트라이플루오로메탄): CHF_3
  - HFC-125(펜타플루오로에탄): C_2HF_5

정답 (1) $C_2F_4Br_2$ (2) CF_2ClBr (3) CHF_3 (4) C_2HF_5

15 빈출

제4류 위험물의 인화점에 대하여 다음 [보기]의 빈칸을 채우시오.

──────────[보기]──────────
- 제1석유류 인화점 (①) 미만
- 제2석유류 인화점 (②) 이상 인화점 (③) 미만
- 제3석유류 인화점 (④) 이상 인화점 (⑤) 미만
- 제4석유류 인화점 (⑥) 이상 인화점 (⑦) 미만

제4류 위험물의 인화점 구분(위험물안전관리법 시행령 별표 1)
- "제1석유류"라 함은 아세톤, 휘발유 그 밖에 1기압에서 인화점이 섭씨 21도 미만인 것을 말한다.
- "제2석유류"라 함은 등유, 경유 그 밖에 1기압에서 인화점이 섭씨 21도 이상 70도 미만인 것을 말한다. 다만, 도료류 그 밖의 물품에 있어서 가연성 액체량이 40중량퍼센트 이하이면서 인화점이 섭씨 40도 이상인 동시에 연소점이 섭씨 60도 이상인 것은 제외한다.
- "제3석유류"란 중유, 크레오소트유, 그 밖에 1기압에서 인화점이 섭씨 70도 이상 섭씨 200도 미만인 것을 말한다. 다만, 도료류 그 밖의 물품은 가연성 액체량이 40중량퍼센트 이하인 것은 제외한다.
- "제4석유류"라 함은 기어유, 실린더유 그 밖에 1기압에서 인화점이 섭씨 200도 이상 섭씨 250도 미만의 것을 말한다. 다만 도료류 그 밖의 물품은 가연성 액체량이 40중량퍼센트 이하인 것은 제외한다.

정답 ① 21℃ ② 21℃ ③ 70℃ ④ 70℃ ⑤ 200℃ ⑥ 200℃ ⑦ 250℃

16

[보기]의 위험물을 인화점이 낮은 것부터 높은 것 순으로 쓰시오.

―――――――――― [보기] ――――――――――
에틸렌글리콜, 나이트로벤젠, 초산에틸, 메틸알코올

위험물	품명	인화점(℃)
초산에틸	제1석유류(비수용성)	-3
메틸알코올	알코올류	11
나이트로벤젠	제3석유류(비수용성)	88
에틸렌글리콜	제3석유류(수용성)	120

정답 초산에틸, 메틸알코올, 나이트로벤젠, 에틸렌글리콜

17 빈출

그림과 같은 타원형 위험물탱크의 내용적은 약 얼마인지 구하시오. (단, 길이의 단위는 m이다.)

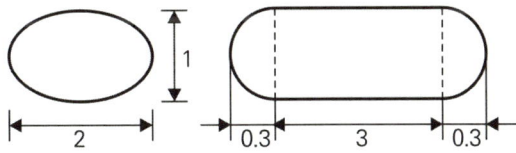

타원형 위험물탱크의 내용적

$$V = \frac{\pi ab}{4} \times (l + \frac{l_1 + l_2}{3}) = \frac{\pi \times 2 \times 1}{4} \times (3 + \frac{0.3 + 0.3}{3})$$
$$= 5.03 m^3$$

정답 $5.03 m^3$

18

옥내저장소에서 위험물을 저장하는 경우이다. 다음 물음에 답하시오.

(1) 기계에 의하여 하역하는 구조로 된 용기만을 겹쳐 쌓는 경우 몇 m를 초과하지 못하는지 쓰시오.
(2) 제4류 위험물 중 제3석유류를 수납하는 용기만을 겹쳐 쌓는 경우 몇 m를 초과하지 못하는지 쓰시오.
(3) 제4류 위험물 중 동식물유류를 수납하는 용기만을 겹쳐 쌓는 경우 몇 m를 초과하지 못하는지 쓰시오.

옥내저장소에서 위험물을 저장하는 경우(위험물안전관리법 시행규칙 별표 18)
다음의 규정에 의한 높이를 초과하여 용기를 겹쳐 쌓지 아니하여야 한다.
- 기계에 의하여 하역하는 구조로 된 용기만을 겹쳐 쌓는 경우에 있어서는 6m
- 제4류 위험물 중 제3석유류, 제4석유류 및 동식물유류를 수납하는 용기만을 겹쳐 쌓는 경우에 있어서는 4m
- 그 밖의 경우에 있어서는 3m

정답 (1) 6m (2) 4m (3) 4m

19 빈출

과산화나트륨에 대한 다음 물음에 대하여 알맞은 답을 쓰시오.

(1) 분해 시 생성된 물질 2가지를 쓰시오.
(2) 과산화나트륨과 물의 반응식을 쓰시오.

(1) 과산화나트륨의 열분해반응식
- $2Na_2O_2 \rightarrow 2Na_2O + O_2$
- 과산화나트륨은 분해하여 산화나트륨과 산소를 생성한다.

(2) 과산화나트륨과 물의 반응식
- $2Na_2O_2 + 2H_2O \rightarrow 4NaOH + O_2$
- 과산화나트륨은 물과 반응하여 수산화나트륨과 산소를 발생한다.

정답 (1) 산화나트륨(Na_2O), 산소(O_2)
(2) $2Na_2O_2 + 2H_2O \rightarrow 4NaOH + O_2$

20 빈출

다음은 위험물안전관리법령에서 정한 안전관리자에 관한 내용이다. 각 물음에 답하시오.

(1) 안전관리자를 선임하여야 하는 대상을 다음 [보기]에서 1가지 고르시오.
―――――――――――――[보기]―――――――――――――
제조소등의 관계인, 제조소등의 설치자, 소방서장, 소방청장, 시·도지사

(2) 안전관리자 해임 후 재선임 기간을 쓰시오.
(3) 안전관리자 퇴직 후 재선임 기간을 쓰시오.
(4) 안전관리자 선임 후 신고기간을 쓰시오.
(5) 안전관리자가 여행, 질병 그 밖의 사유로 인해 일시적으로 직무를 수행할 수 없을 때 직무를 대행하는 기간을 쓰시오.

위험물안전관리자(위험물안전관리법 제15조)
- 안전관리자를 선임한 제조소등의 관계인은 그 안전관리자를 해임하거나 안전관리자가 퇴직한 때에는 해임하거나 퇴직한 날부터 30일 이내에 다시 안전관리자를 선임하여야 한다.
- 제조소등의 관계인은 안전관리자를 선임한 경우에는 선임한 날부터 14일 이내에 행정안전부령으로 정하는 바에 따라 소방본부장 또는 소방서장에게 신고하여야 한다.
- 안전관리자를 선임한 제조소등의 관계인은 안전관리자가 여행·질병 그 밖의 사유로 인하여 일시적으로 직무를 수행할 수 없거나 안전관리자의 해임 또는 퇴직과 동시에 다른 안전관리자를 선임하지 못하는 경우에는 국가기술자격법에 따른 위험물의 취급에 관한 자격취득자 또는 위험물안전에 관한 기본지식과 경험이 있는 자로서 행정안전부령이 정하는 자를 대리자로 지정하여 그 직무를 대행하게 하여야 한다. 이 경우 대리자가 안전관리자의 직무를 대행하는 기간은 30일을 초과할 수 없다.

정답
(1) 제조소등의 관계인
(2) 30일 이내
(3) 30일 이내
(4) 14일 이내
(5) 30일

CHAPTER 05
2024 제2회 실기[필답형] 기출복원문제

01 ★빈출

제조소에서 위험물을 취급함에 있어서 정전기가 발생할 우려가 있는 설비에는 규정된 방법으로 정전기를 유효하게 제거할 수 있는 설비를 설치하여야 한다. 이에 해당하는 방법 3가지를 각각 쓰시오.

> 정전기 제거조건
> 가. 접지에 의한 방법
> 나. 공기 중의 상대습도를 70% 이상으로 하는 방법
> 다. 공기를 이온화하는 방법

정답
(1) 접지에 의한 방법
(2) 공기 중의 상대습도를 70% 이상으로 함
(3) 공기를 이온화함

02 ★빈출

오황화인과 물과의 반응 시 생성되는 물질을 화학식으로 나타내시오.

> • 오황화인과 물의 반응식: $P_2S_5 + 8H_2O \rightarrow 2H_3PO_4 + 5H_2S$
> • 오황화인은 물과 반응하여 인산과 황화수소를 생성한다.

정답 H_3PO_4, H_2S

03

불활성 가스 소화설비가 적응성이 있는 위험물을 [보기]에서 2가지 골라 쓰시오.

―――――――――[보기]―――――――――
(1) 제1류 위험물 중 알칼리금속의 과산화물
(2) 제2류 위험물 중 인화성 고체
(3) 제3류 위험물
(4) 제4류 위험물
(5) 제5류 위험물
(6) 제6류 위험물

- 불활성 가스 소화설비는 산소 차단이 효과적인 물질(예 인화성 고체, 인화성 액체)에 적합하다. 하지만 자체적으로 산소를 방출하거나 반응 특성이 강한 물질(예 산화성 물질, 자연발화성 물질)에는 효과가 제한적이므로 주의해야 한다.
- 위험물 유별 운반용기 외부 주의사항과 게시판 및 소화방법

유별	종류	운반용기 외부 주의사항	게시판	소화방법
제1류	알칼리금속의 과산화물	가연물접촉주의, 화기·충격주의, 물기엄금	물기엄금	주수금지
	그 외	가연물접촉주의, 화기·충격주의	-	주수소화
제2류	철분, 금속분, 마그네슘	화기주의, 물기엄금	화기주의	주수금지
	인화성 고체	화기엄금	화기엄금	주수소화 질식소화
	그 외	화기주의	화기주의	주수소화
제3류	자연발화성 물질	화기엄금, 공기접촉엄금	화기엄금	주수소화
	금수성 물질	물기엄금	물기엄금	주수금지
제4류	-	화기엄금	화기엄금	질식소화
제5류	-	화기엄금, 충격주의	화기엄금	주수소화
제6류	-	가연물접촉주의	-	주수소화

- 불활성 가스 소화설비는 질식소화에 적응성이 있는 위험물에 사용할 수 있다.

정답 (2) 제2류 위험물 중 인화성 고체
(4) 제4류 위험물

04

다음 소화설비의 능력단위 기준에 맞게 빈칸에 알맞은 말을 쓰시오.

소화설비	용량(L)	능력단위
소화전용물통	①	0.3
수조(물통 3개 포함)	80	②
수조(물통 6개 포함)	190	2.5
마른모래(삽 1개 포함)	③	0.5
팽창질석·팽창진주암(삽 1개 포함)	160	④

소화설비의 능력단위

소화설비	용량(L)	능력단위
소화전용물통	8	0.3
수조(물통 3개 포함)	80	1.5
수조(물통 6개 포함)	190	2.5
마른모래(삽 1개 포함)	50	0.5
팽창질석·팽창진주암(삽 1개 포함)	160	1.0

정답 ① 8　② 1.5　③ 50　④ 1.0

05

위험물안전관리법령에 따른 이동탱크저장소의 주입설비 설치기준에 대하여 다음 빈칸에 알맞은 말을 쓰시오.

- 위험물이 (①) 우려가 없고 화재 예방상 안전한 구조로 할 것
- 주입설비의 길이는 (②) 이내로 하고, 그 끝부분에 축적되는 (③)를 유효하게 제거할 수 있는 장치를 할 것
- 분당 배출량은 (④) 이하로 할 것

이동탱크저장소의 주입설비 설치기준(위험물안전관리법 시행규칙 별표 10)
- 위험물이 샐 우려가 없고 화재예방상 안전한 구조로 할 것
- 주입설비의 길이는 50m 이내로 하고, 그 끝부분에 축적되는 정전기를 유효하게 제거할 수 있는 장치를 할 것
- 분당 배출량은 200L 이하로 할 것

정답 ① 샐　② 50m　③ 정전기　④ 200L

06

다음은 위험물안전관리법령상 제5류 위험물에 관한 내용이다. [보기]를 보고 물음에 답하시오.

───────────────[보기]───────────────
나이트로글리세린, 트라이나이트로톨루엔, 트라이나이트로페놀, 과산화벤조일, 다이나이트로벤젠

(1) 질산에스터류에 속하는 위험물을 모두 골라 쓰시오.
(2) 상온에서는 액체이고 영하의 온도에서는 고체인 위험물의 분해반응식을 쓰시오.

제5류 위험물(자기반응성 물질)

품명	위험물	상태
질산에스터류	질산메틸 질산에틸 나이트로글리콜 나이트로글리세린	액체
	나이트로셀룰로오스 셀룰로이드	고체
나이트로화합물	트라이나이트로톨루엔 트라이나이트로페놀 다이나이트로벤젠 테트릴	고체

나이트로글리세린 - 제5류 위험물

위험물	품명	지정수량	특징	분해반응식
나이트로글리세린	질산에스터류	10kg(제1종)	• 물에 녹지 않고 에테르, 알코올에 잘 녹음 • 규조토에 나이트로글리세린 흡수시켜 다이너마이트 생성 • 충격, 마찰에 매우 예민하고 겨울철에는 동결할 우려가 있음	$4C_3H_5(ONO_2)_3 \rightarrow 12CO_2 + 10H_2O + 6N_2 + O_2$ → 나이트로글리세린은 분해하여 이산화탄소, 물, 질소, 산소를 생성한다.

정답 (1) 나이트로글리세린
(2) $4C_3H_5(ONO_2)_3 \rightarrow 12CO_2 + 10H_2O + 6N_2 + O_2$

07 ⭐빈출

인화칼슘에 대하여 다음 각 물음에 답하시오.

(1) 위험물의 유별
(2) 지정수량
(3) 물과의 화학반응식
(4) 물과 반응하여 생성되는 가스의 명칭

인화칼슘 - 제3류 위험물

등급	위험물	분자식	품명	지정수량
III	인화칼슘	Ca_3P_2	금속의 인화물	300kg

- 인화칼슘과 물의 반응식: $Ca_3P_2 + 6H_2O \rightarrow 3Ca(OH)_2 + 2PH_3$
- 인화칼슘은 물과 반응하여 수산화칼슘과 포스핀가스를 생성한다.

정답
(1) 제3류 위험물
(2) 300kg
(3) $Ca_3P_2 + 6H_2O \rightarrow 3Ca(OH)_2 + 2PH_3$
(4) 포스핀(인화수소)

08

주유취급소에 설치하는 탱크의 용량의 관한 내용이다. 다음 빈칸을 보고 알맞은 말을 쓰시오.

- 고속도로의 도로변에 설치하지 않은 고정급유설비에 직접 접속하는 전용탱크로서 (①)리터 이하인 것
- 고속도로의 도로변에 설치된 주유취급소에 있어서는 탱크의 용량을 (②)리터까지 할 수 있다.

주유취급소의 설비의 기준(위험물안전관리법 시행규칙 별표 13)
- 탱크의 기준: 자동차 등에 주유하기 위한 고정주유설비에 직접 접속하는 전용탱크로서 50,000L 이하의 것
- 고속국도주유취급소의 특례: 고속국도의 도로변에 설치된 주유취급소에 있어서는 규정에 의한 탱크의 용량을 60,000L까지 할 수 있다.

정답 ① 50,000 ② 60,000

09

옥외탱크저장소에 제4류 위험물을 저장하고 주위에 방유제를 설치하였다. 다음 각 물음에 답하시오.

(1) 방유제의 높이는 몇 m 이상 몇 m 이하로 하여야 하는지 쓰시오.
(2) 방유제 내의 면적은 몇 m² 이하로 하여야 하는지 쓰시오.
(3) 방유제 내에 설치하는 옥외저장탱크는 몇 기 이하로 하여야 하는지 쓰시오.

> **방유제의 기준(위험물안전관리법 시행규칙 별표 6)**
> - 방유제는 높이 0.5m 이상 3m 이하, 두께 0.2m 이상, 지하매설깊이 1m 이상으로 할 것
> - 방유제내의 면적은 8만m² 이하로 할 것
> - 방유제내의 설치하는 옥외저장탱크의 수는 10(방유제 내에 설치하는 모든 옥외저장탱크의 용량이 20만L 이하이고, 당해 옥외저장탱크에 저장 또는 취급하는 위험물의 인화점이 70℃ 이상 200℃ 미만인 경우에는 20) 이하로 할 것. 다만, 인화점이 200℃ 이상인 위험물을 저장 또는 취급하는 옥외저장탱크에 있어서는 그러하지 아니하다.

정답 (1) 0.5m 이상 3m 이하
(2) 80,000m²
(3) 10기

10

다음 위험물이 분해하여 발생하는 산소의 부피가 큰 것부터 작은 것 순으로 쓰시오.

① 과염소산암모늄
② 염소산칼륨
③ 염소산암모늄
④ 과염소산나트륨

위험물	분해반응식	산소의 부피
과염소산암모늄	$2NH_4ClO_4 \rightarrow N_2 + Cl_2 + 2O_2 + 4H_2O$	1mol
염소산칼륨	$2KClO_3 \rightarrow 2KCl + 3O_2$	1.5mol
염소산암모늄	$2NH_4ClO_3 \rightarrow N_2 + 4H_2O + O_2 + Cl_2$	0.5mol
과염소산나트륨	$NaCl_4 \rightarrow NaCl + 2O_2$	2mol

정답 ④ → ② → ① → ③

11 빈출

다음에서 설명하는 위험물에 대하여 각 물음에 답하시오.

- 제3류 위험물
- 공기와의 접촉을 금지할 것
- 제2류 위험물에 동소체가 있는 위험물

(1) 위험등급
(2) 연소반응식
(3) 옥내저장소 저장 시 바닥면적

(1) 황린의 위험등급
- 황린(P_4)은 제3류 위험물 중 자연발화성 물질(공기접촉엄금)이고 제2류 위험물인 적린(P)과 동소체이다.
- 제3류 위험물 중 위험등급 I인 위험물

등급	품명	지정수량(kg)	위험물	분자식
I	알킬알루미늄	10	트라이에틸알루미늄	$(C_2H_5)_3Al$
	칼륨		칼륨	K
	알킬리튬		알킬리튬	RLi
	나트륨		나트륨	Na
	황린	20	황린	P_4

(2) 황린의 연소반응식
- $P_4 + 5O_2 \rightarrow 2P_2O_5$
- 황린은 연소하여 오산화인을 생성한다.

(3) 옥내저장소의 위치, 구조 및 설비의 기준(위험물안전관리법 시행규칙 별표 5)
제3류 위험물 중 칼륨, 나트륨, 알킬알루미늄, 알킬리튬 그 밖에 지정수량이 10kg인 위험물 및 황린을 저장하는 창고의 바닥면적은 1,000m²이다.

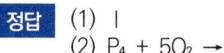

정답 (1) I
(2) $P_4 + 5O_2 \rightarrow 2P_2O_5$
(3) 1,000m²

12 빈출

피리딘의 화학식과 지정수량을 각각 쓰시오.

(1) 화학식
(2) 지정수량

제4류 위험물 중 위험등급이 II등급인 위험물

등급	품명		지정수량(L)	위험물	분자식	기타
II	제1석유류	비수용성	200	휘발유	-	• 사이클로헥산 • 염화아세틸 • 초산메틸 • 에틸벤젠
				메틸에틸케톤	-	
				톨루엔	$C_6H_5CH_3$	
				벤젠	C_6H_6	
		수용성	400	사이안화수소	HCN	
				아세톤	CH_3COCH_3	
				피리딘	C_5H_5N	
	알코올류			메틸알코올	CH_3OH	
				에틸알코올	C_2H_5OH	

정답 (1) C_5H_5N
       (2) 400L

13 빈출

다음과 같이 종으로 설치한 원통형 탱크의 내용적(m^3)을 구하시오. (단, r = 10m, l = 25m)

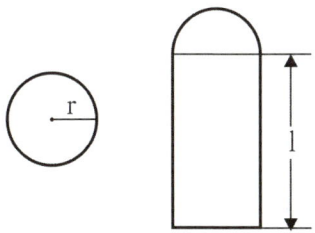

종으로 설치한 해당 원형 탱크의 내용적
$V = \pi r^2 l$ = 원의 면적 × 높이
  $= \pi \times 10^2 \times 25 = 7,850 m^3$

정답 7,850m^3

14 빈출

다음 지정수량에 해당하는 옥외저장소의 보유공지를 쓰시오.

(1) 지정수량의 10배 이하
(2) 지정수량의 20배 초과 50배 이하

옥외저장소의 보유공지(위험물안전관리법 시행규칙 별표 11)

저장 또는 취급하는 위험물의 최대수량	공지의 너비
지정수량의 10배 이하	3m 이상
지정수량의 10배 초과 20배 이하	5m 이상
지정수량의 20배 초과 50배 이하	9m 이상
지정수량의 50배 초과 200배 이하	12m 이상
지정수량의 200배 초과	15m 이상

정답 (1) 3m 이상
(2) 9m 이상

15 빈출

지정수량이 같은 위험물의 품명 3가지를 다음 [보기]에서 골라 쓰시오.

―――――――[보기]―――――――
황, 알킬알루미늄, 하이드라진유도체, 알칼리토금속, 철분, 하이드록실아민, 적린

위험물	지정수량(kg)
황	100
알킬알루미늄	10(제1종)
하이드라진유도체	100(제2종)
알칼리토금속	50
철분	500
하이드록실아민	100(제2종)
적린	100

정답 황, 하이드라진유도체, 하이드록실아민, 적린 중 3가지

16

제1석유류 중 이소프로필알코올을 산화시켜 만든 것으로, 아이오딘포름 반응을 하는 물질에 대하여 다음 물음에 답하시오.

(1) 물질명
(2) 아이오딘포름 화학식
(3) 아이오딘포름 반응 후 색 변화

- 이소프로필알코올을 산화시키면 아세톤이 생성된다.
- 아세톤은 그 구조상 메틸케톤그룹을 포함하고 있어 아이오딘포름 반응을 할 수 있다.
- 아이오딘포름의 화학식은 CHI_3이다.
- 아이오딘포름은 밝은 노란색의 고체로, 특유의 강한 냄새가 있다.

정답 (1) 아세톤
(2) CHI_3
(3) 노란색

17

다음 [보기]에서 제1류 위험물의 성질로 옳은 것을 모두 골라 쓰시오.

[보기]
(1) 무기화합물
(2) 유기화합물
(3) 산화제
(4) 인화점이 0℃ 이하
(5) 인화점이 0℃ 이상
(6) 고체

- 무기화합물: 무기화합물들은 제1류 위험물에 포함된다. 강한 화학적 반응성을 보이며, 폭발 위험이 있다.
- 산화제: 제1류 위험물 중에는 강력한 산화성을 지닌 물질들이 많이 포함되어 있어 다른 물질과 반응하여 산소를 제공하므로 반응을 촉진한다.
- 고체: 제1류 위험물은 산화성 고체이므로 고체의 특징을 가진다.

정답 (1), (3), (6)

18
다음 위험물에 대하여 운반 시 혼재가 불가능한 위험물을 모두 쓰시오. (단, 지정수량의 1/10을 초과하여 운반하는 경우이다.)

(1) 제1류 위험물
(2) 제2류 위험물
(3) 제3류 위험물
(4) 제4류 위험물
(5) 제5류 위험물

유별을 달리하는 위험물 혼재기준(지정수량 1/10배 초과)(위험물안전관리법 시행규칙 별표 19)			
1	6		혼재 가능
2	5	4	혼재 가능
3	4		혼재 가능

정답
(1) 제2류 위험물, 제3류 위험물, 제4류 위험물, 제5류 위험물
(2) 제1류 위험물, 제3류 위험물, 제6류 위험물
(3) 제1류 위험물, 제2류 위험물, 제5류 위험물, 제6류 위험물
(4) 제1류 위험물, 제6류 위험물
(5) 제1류 위험물, 제3류 위험물, 제6류 위험물

19
다음 위험물을 보고 인화점이 낮은 것부터 높은 것 순으로 쓰시오.

글리세린, 클로로벤젠, 초산에틸, 이황화탄소

위험물	품명	인화점(℃)
글리세린	제3석유류(수용성)	160
클로로벤젠	제2석유류(비수용성)	32
초산에틸	제1석유류(비수용성)	-3
이황화탄소	특수인화물(비수용성)	-30

정답 이황화탄소, 초산에틸, 클로로벤젠, 글리세린

20

다음 위험물 운반용기 외부에 표시할 주의사항을 각각 쓰시오.

(1) 제2류 위험물 중 인화성 고체
(2) 제3류 위험물 중 금수성 물질
(3) 제4류 위험물
(4) 제6류 위험물

위험물 유별 운반용기 외부 주의사항과 게시판(위험물안전관리법 시행규칙 별표 4, 별표 19))

유별	종류	운반용기 외부 주의사항	게시판
제1류	알칼리금속의 과산화물	가연물접촉주의, 화기·충격주의, 물기엄금	물기엄금
	그 외	가연물접촉주의, 화기·충격주의	-
제2류	철분, 금속분, 마그네슘	화기주의, 물기엄금	화기주의
	인화성 고체	화기엄금	화기엄금
	그 외	화기주의	화기주의
제3류	자연발화성 물질	화기엄금, 공기접촉엄금	화기엄금
	금수성 물질	물기엄금	물기엄금
제4류	-	화기엄금	화기엄금
제5류	-	화기엄금, 충격주의	화기엄금
제6류	-	가연물접촉주의	-

정답 (1) 화기엄금 (2) 물기엄금 (3) 화기엄금 (4) 가연물접촉주의

CHAPTER 06
2024 제1회 실기[필답형] 기출복원문제

01

탄화알루미늄과 물이 반응하여 생성되는 기체에 대하여 다음 물음에 답하시오.

(1) 연소반응식
(2) 연소범위
(3) 위험도

- 탄화알루미늄과 물의 연소반응식: $Al_4C_3 + 12H_2O \rightarrow 4Al(OH)_3 + 3CH_4$
  탄화알루미늄은 물과 반응하여 수산화알루미늄과 메탄을 생성한다.
- 메탄의 연소반응식: $CH_4 + 2O_2 \rightarrow CO_2 + 2H_2O$
  메탄은 연소하여 이산화탄소와 물을 생성한다.
- 메탄의 연소범위는 5~15%이므로 위험도는 다음과 같다.
  위험도: $\dfrac{연소상한 - 연소하한}{연소하한} = \dfrac{15-5}{5} = 2$

정답 (1) $CH_4 + 2O_2 \rightarrow CO_2 + 2H_2O$
(2) 5~15%
(3) 2

02

제3류 위험물인 탄화칼슘이 물과 반응할 경우에 대하여 다음 물음에 답하시오.

(1) 탄화칼슘과 물의 반응식을 쓰시오.
(2) 생성된 기체의 명칭을 쓰시오.
(3) 생성기체의 연소범위를 쓰시오.
(4) 생성기체의 연소반응식을 쓰시오.

- 탄화칼슘과 물의 반응식: $CaC_2 + 2H_2O \rightarrow Ca(OH)_2 + C_2H_2$
  탄화칼슘은 물과 반응하여 수산화칼슘과 아세틸렌을 생성한다.
- 아세틸렌(C_2H_2)의 연소범위는 2.5~81%이다.
- 아세틸렌의 연소반응식: $2C_2H_2 + 5O_2 \rightarrow 4CO_2 + 2H_2O$
  아세틸렌은 연소하여 이산화탄소와 물을 생성한다.

정답 (1) $CaC_2 + 2H_2O \rightarrow Ca(OH)_2 + C_2H_2$
(2) 아세틸렌 (3) 2.5~81% (4) $2C_2H_2 + 5O_2 \rightarrow 4CO_2 + 2H_2O$

03

지하탱크저장소에 대하여 다음 빈칸에 알맞은 말을 쓰시오.

- 탱크전용실은 지하의 가장 가까운 벽, 피트, 가스관 등의 시설물 및 대지경계선으로부터 (①)m 이상 떨어진 곳에 설치하여야 한다.
- 지하저장탱크의 윗부분은 지면으로부터 (②)m 이상 아래에 있어야 한다.
- 지하저장탱크를 2 이상 인접에 설치하는 경우에는 그 상호 간에 (③)m(당해 2 이상의 지하저장탱크의 용량의 합계가 지정수량의 100배 이하인 때에는 (④)m 이상의 간격을 유지하여야 한다. 다만, 그 사이에 탱크전용실의 벽이나 두께 (⑤)cm 이상의 콘크리트 구조물이 있는 경우에는 그러하지 아니하다.

지하탱크저장소의 위치, 구조 및 설비의 기준(위험물안전관리법 시행규칙 별표 8)
- 탱크전용실은 지하의 가장 가까운 벽·피트·가스관 등의 시설물 및 대지경계선으로부터 0.1m 이상 떨어진 곳에 설치하고, 지하저장탱크와 탱크전용실의 안쪽과의 사이는 0.1m 이상의 간격을 유지하도록 하며, 당해 탱크의 주위에 마른 모래 또는 습기 등에 의하여 응고되지 아니하는 입자지름 5mm 이하의 마른 자갈분을 채워야 한다.
- 지하저장탱크의 윗부분은 지면으로부터 0.6m 이상 아래에 있어야 한다.
- 지하저장탱크를 2 이상 인접해 설치하는 경우에는 그 상호간에 1m(당해 2 이상의 지하저장탱크의 용량의 합계가 지정수량의 100배 이하인 때에는 0.5m) 이상의 간격을 유지하여야 한다. 다만, 그 사이에 탱크전용실의 벽이나 두께 20cm 이상의 콘크리트 구조물이 있는 경우에는 그러하지 아니하다.

정답 ① 0.1 ② 0.6 ③ 1 ④ 0.5 ⑤ 20

04

이황화탄소에 대하여 다음 물음에 답하시오.

(1) 연소반응식
(2) 품명
(3) 저장하는 철근콘크리트 수조의 최소 두께

이황화탄소 - 제4류 위험물

등급	위험물	분자식	품명	지정수량
I	이황화탄소	CS_2	특수인화물	50L

- $CS_2 + 3O_2 \rightarrow CO_2 + 2SO_2$
  이황화탄소는 연소하여 이산화탄소와 이산화황을 생성한다.
- 이황화탄소의 옥외저장탱크 기준(위험물안전관리법 시행규칙 별표 6)
  이황화탄소의 옥외저장탱크는 벽 및 바닥의 두께가 0.2m 이상이고 누수가 되지 아니하는 철근콘크리트의 수조에 넣어 보관하여야 한다. 이 경우 보유공지·통기관 및 자동계량장치는 생략할 수 있다.

정답 (1) $CS_2 + 3O_2 \rightarrow CO_2 + 2SO_2$
(2) 특수인화물
(3) 0.2m

05

다음 표에 들어갈 알맞은 말을 쓰시오.

제조소	(①)		
	저장소		취급소
-	옥외·내 저장소 옥외·내 탱크 저장소 (②) (③) 지하탱크저장소 암반탱크저장소		일반취급소 주유취급소 (④) (⑤)

위험물제조소등의 분류(위험물안전관리법 시행령 별표 2, 별표 3)

	위험물제조소등		
제조소	저장소		취급소
-	옥외·내 저장소 옥외·내 탱크 저장소 이동탱크저장소 간이탱크저장소 지하탱크저장소 암반탱크저장소		일반취급소 주유취급소 판매취급소 이송취급소

정답 ① 위험물제조소등 ② 이동탱크저장소 ③ 간이탱크저장소 ④ 판매취급소 ⑤ 이송취급소

06

제5류 위험물 중에서 규조토에 흡수시키면 다이너마이트를 만들 수 있는 위험물이 있다. 이 위험물에 대하여 다음 물음에 답하여 쓰시오.

(1) 구조식
(2) 품명 및 지정수량
(3) 이산화탄소, 수증기, 질소, 산소가 발생하는 완전분해반응식

나이트로글리세린 - 제5류 위험물

위험물	품명	지정수량	분자식	비중	인화점	특징
나이트로글리세린	질산에스터류	10kg(제1종)	$C_3H_5(ONO_2)_3$	1.6	210℃	• 물에 녹지 않고 에테르, 알코올에 잘 녹음 • 규조토에 나이트로글리세린 흡수시켜 다이너마이트 생성 • 충격, 마찰에 매우 예민하고 겨울철에는 동결할 우려가 있음

• 나이트로글리세린의 분해반응식: $4C_3H_5(ONO_2)_3 \rightarrow 12CO_2 + 6N_2 + O_2 + 10H_2O$
• 나이트로글리세린은 분해하여 이산화탄소, 질소, 산소, 물을 생성한다.

정답 (1)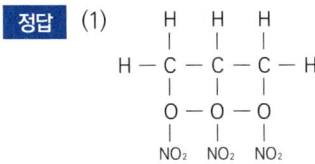
(2) 질산에스터류, 10kg(제1종)
(3) $4C_3H_5(ONO_2)_3 \rightarrow 12CO_2 + 6N_2 + O_2 + 10H_2O$

07

건축면적이 450m²이고 외벽이 내화구조인 위험물 제조소의 소요단위를 구하시오.

소화설비 설치기준(위험물안전관리법 시행규칙 별표 17)
• 소요단위(연면적)

구분	외벽 내화구조	외벽 비내화구조
위험물제조소 취급소	100m²	50m²
위험물저장소	150m²	75m²

• 외벽이 내화구조인 위험물제조소의 1소요단위는 100m²이므로 건축면적 450m²일 때는 $\frac{450}{100} = 4.5$이다.

정답 4.5소요단위

08 ✈빈출

다음 [보기]의 동식물유를 건성유, 반건성유, 불건성유로 구분하여 쓰시오.

―――――――――――[보기]―――――――――――
쌀겨기름, 목화씨기름, 피마자유, 아마인유, 야자유, 들기름

(1) 건성유
(2) 반건성유
(3) 불건성유

아이오딘값에 따른 동식물유류의 구분

구분	아이오딘값	종류
건성유	130 이상	대구유, 정어리유, 상어유, 해바라기유, 동유, 아마인유, 들기름
반건성유	100 초과 130 미만	면실유(목화씨기름), 청어유, 쌀겨유, 옥수수유, 채종유, 참기름, 콩기름
불건성유	100 이하	소기름, 돼지기름, 고래기름, 올리브유, 팜유, 땅콩기름, 피마자유, 야자유

정답 (1) 아마인유, 들기름
(2) 쌀겨기름, 목화씨기름
(3) 피마자유, 야자유

09 ✈빈출

다음 물질이 열분해하여 산소를 발생하는 반응식을 쓰시오.

(1) 아염소산나트륨
(2) 염소산나트륨
(3) 과염소산나트륨

---

(1) 아염소산나트륨의 열분해반응식
  • $NaClO_2 \rightarrow NaCl + O_2$
  • 아염소산나트륨은 열분해하여 염화나트륨과 산소를 발생한다.
(2) 염소산나트륨의 열분해반응식
  • $2NaClO_3 \rightarrow 2NaCl + 3O_2$
  • 염소산나트륨은 열분해하여 염화나트륨과 산소를 발생한다.
(3) 과염소산나트륨의 열분해반응식
  • $NaClO_4 \rightarrow NaCl + 2O_2$
  • 과염소산나트륨은 열분해하여 염화나트륨과 산소를 발생한다.

정답 (1) $NaClO_2 \rightarrow NaCl + O_2$
(2) $2NaClO_3 \rightarrow 2NaCl + 3O_2$
(3) $NaClO_4 \rightarrow NaCl + 2O_2$

10 빈출

온도가 30℃이고, 기압이 800mmHg인 옥외저장소에 저장되어 있는 이황화탄소 100kg이 완전연소할 때 발생되는 이산화황의 체적(m^3)을 구하시오.

- 이황화탄소의 완전연소반응식: $CS_2 + 3O_2 \rightarrow CO_2 + 2SO_2$
  이황화탄소는 완전연소하여 이산화탄소와 이산화황을 생성한다.
- 이상기체방정식으로 이산화황의 부피를 구하기 위해 $PV = \dfrac{wRT}{M}$의 식을 사용한다.
- 위의 반응식에서 이황화탄소와 이산화황은 1 : 2의 비율로 반응하므로 다음과 같은 식이 된다.

  $V = \dfrac{wRT}{PM} = \dfrac{100kg \times 0.082 \times 303K}{1.0526 \times 76kg/mol} \times \dfrac{2}{1} = 62.12m^3$

  - P: 압력(1atm = 760mmHg) → $800mmHg \times \dfrac{1atm}{760mmHg} = 1.0526atm$
  - w: 질량 → 100kg
  - M: 분자량 → 이황화탄소(CS_2)의 분자량 = 12 + (32 × 2) = 76kg/kmol (C 원자량: 12, S 원자량: 32)
  - R: 기체상수(0.082$m^3 \cdot atm/kmol \cdot K$)
  - T: 절대온도(K, 절대온도로 변환하기 위해 273을 더한다) → 30 + 273 = 303K

정답 $62.12m^3$

11 빈출

트라이에틸알루미늄에 대하여 다음 물음에 답하시오.

(1) 완전연소반응식
(2) 물과의 반응식

(1) 트라이에틸알루미늄의 완전연소반응식
  - $2(C_2H_5)_3Al + 21O_2 \rightarrow Al_2O_3 + 15H_2O + 12CO_2$
  - 트라이에틸알루미늄은 완전연소하여 산화알루미늄, 물, 이산화탄소를 생성한다.
(2) 트라이에틸알루미늄과 물의 반응식
  - $(C_2H_5)_3Al + 3H_2O \rightarrow Al(OH)_3 + 3C_2H_6$
  - 트라이에틸알루미늄은 물과 반응하여 수산화알루미늄과 에탄을 발생한다.

정답
(1) $2(C_2H_5)_3Al + 21O_2 \rightarrow Al_2O_3 + 15H_2O + 12CO_2$
(2) $(C_2H_5)_3Al + 3H_2O \rightarrow Al(OH)_3 + 3C_2H_6$

12

다음에서 설명하는 위험물에 대하여 각 물음에 답하시오.

> - 제1류 위험물
> - 분자량 158
> - 흑자색 결정
> - 물, 알코올, 아세톤에 녹는다.

(1) 지정수량
(2) 묽은 황산과 반응 시 생성되는 기체의 명칭
(3) 위험등급

과망가니즈산칼륨 – 제1류 위험물

유별	1류 위험물
품명	과망가니즈산염류
위험등급	III
분자식	KMnO₄
분자량	158g/mol
비중	2.7
지정수량	1,000kg
일반적 성질	진한 보라색 결정, 물, 아세톤, 알코올에 잘 녹음
위험성	황산과 격렬하게 반응함, 유기물과 혼합 시 위험성이 증가함

- 과망가니즈산칼륨과 황산의 반응식: $4KMnO_4 + 6H_2SO_4 \rightarrow 2K_2SO_4 + 6H_2O + 5O_2 + 4MnSO_4$
- 과망가니즈산칼륨은 황산과 반응하여 황산칼륨, 물, 산소, 황산망가니즘을 생성한다.

 (1) 1,000kg
(2) 산소
(3) III

13

이황화탄소를 제외한 제4류 위험물을 취급하는 제조소의 옥외저장탱크에 100만 리터 1기, 50만 리터 2기, 10만 리터 3기가 있다. 이 중 50만 리터 탱크 1기를 다른 방유제에 설치하고 나머지를 하나의 방유제에 설치할 경우 방유제 전체의 최소 용량의 합계(L)를 구하시오.

(1) 계산과정
(2) 답

- 제조소 옥외에 있는 위험물취급탱크로서 액체위험물(이황화탄소 제외)을 취급하는 것의 주위에는 다음 기준에 의해 방유제를 설치한다.
  - 탱크 1기: 탱크용량 × 0.5
  - 탱크 2기: (최대 탱크용량 × 0.5) + (나머지 탱크용량 × 0.1)
- 100만 리터 1기, 50만 리터 2기, 10만 리터 3기가 있는 경우
  (최대 탱크용량 × 0.5) + (나머지 탱크용량 × 0.1) = (1,000,000 × 0.5) + (500,000 + 100,000 × 3) × 0.1 = 580,000L
- 50만 리터 탱크 1기가 있는 경우
  탱크용량 × 0.5 = 500,000 × 0.5 = 250,000L
- 방유제 전체의 최소 용량의 합계: 580,000L + 250,000L = 830,000L

정답 (1) [해설참조]
(2) 830,000L

14

다음 표에 위험물 운반에 관한 혼재기준에 맞게 ○와 ×를 채우시오.

위험물의 구분	제1류	제2류	제3류	제4류	제5류	제6류
제1류						
제2류						
제3류						
제4류						
제5류						
제6류						

유별을 달리하는 위험물 혼재기준(지정수량 1/10배 초과)(위험물안전관리법 시행규칙 별표 19)				
1	6			혼재 가능
2	5	4		혼재 가능
3	4			혼재 가능

정답

위험물의 구분	제1류	제2류	제3류	제4류	제5류	제6류
제1류		×	×	×	×	○
제2류	×		×	○	○	×
제3류	×	×		○	×	×
제4류	×	○	○		○	×
제5류	×	○	×	○		×
제6류	○	×	×	×	×	

15 빈출

인화점이 낮은 것부터 높은 것 순으로 [보기]의 위험물을 나열하시오.

[보기]
이황화탄소, 다이에틸에터, 아세톤, 산화프로필렌

위험물	품명	인화점(℃)
이황화탄소	특수인화물(비수용성)	-30
다이에틸에터	특수인화물(수용성)	-45
아세톤	제1석유류(수용성)	-18
산화프로필렌	특수인화물(수용성)	-37

정답 다이에틸에터, 산화프로필렌, 이황화탄소, 아세톤

16

자체소방대에 대하여 다음 물음에 답하시오.

(1) 제조소 또는 일반취급소에서 취급하는 제4류 위험물의 최대수량의 합이 지정수량의 3천배 이상 12만배 미만일 때, 자체소방대원 수
(2) 제조소 또는 일반취급소에서 취급하는 제4류 위험물의 최대수량의 합이 지정수량의 3천배 이상 12만배 미만일 때 소방자동차의 대수
(3) 제조소 또는 일반취급소에서 취급하는 제4류 위험물의 최대수량의 합이 지정수량의 48만배 이상일 때, 자체소방대원 수
(4) 제조소 또는 일반취급소에서 취급하는 제4류 위험물의 최대수량의 합이 지정수량의 48만배 이상일 때, 소방자동차의 대수

자체소방대에 두는 화학소방자동차 및 자체소방대원 기준(위험물안전관리법 시행령 별표 8)

제4류 위험물의 최대수량의 합	화학소방자동차(대)	자체소방대원(인)
지정수량의 3,000배 이상 12만배 미만	1	5
지정수량의 12만배 이상 24만배 미만	2	10
지정수량의 24만배 이상 48만배 미만	3	15
지정수량의 48만배 이상	4	20

정답 (1) 5인 (2) 1대 (3) 20인 (4) 4대

17 빈출

다음 [보기]의 위험물 중에서 염산과 반응하여 제6류 위험물을 생성하는 물질이 물과 반응하는 화학반응식을 쓰시오.

─────[보기]─────
(1) 과염소산암모늄
(2) 과망가니즈산칼륨
(3) 과산화나트륨
(4) 마그네슘

- 위험물의 품명

위험물	품명
과염소산암모늄	제1류 위험물 중 과염소산염류
과망가니즈산칼륨	제1류 위험물 중 과망가니즈산염류
과산화나트륨	제1류 위험물 중 무기과산화물
마그네슘	제2류 위험물 중 마그네슘

- 제1류 위험물 중에서 무기과산화물은 산과 반응하여 제6류 위험물인 과산화수소를 생성한다.
- 과산화나트륨과 염산의 반응식: $Na_2O_2 + 2HCl \rightarrow 2NaCl + H_2O_2$
- 무기과산화물인 과산화나트륨과 물의 반응식: $2Na_2O_2 + 2H_2O \rightarrow 4NaOH + O_2$
  과산화나트륨은 물과 반응하여 수산화나트륨과 산소를 발생한다.

정답 $2Na_2O_2 + 2H_2O \rightarrow 4NaOH + O_2$

18

[보기]에서 소화난이도등급 I 제조소등에 해당되는 것을 모두 골라 쓰시오. (단, 해당사항이 없으면 없음으로 표기하시오)

[보기]
지하탱크저장소, 연면적 1,000m²인 제조소, 처마높이 6m인 옥내저장소,
제2종 판매취급소, 간이탱크저장소, 이송취급소, 이동탱크저장소

소화설비, 경보설비 및 피난설비의 기준에 따라 소화난이도등급 I 에 해당하는 제조소등(위험물안전관리법 시행규칙 별표 17)

구분	기준
제조소 일반취급소	• 연면적 1,000m² 이상인 것 • 지정수량의 100배 이상인 것 • 지반면으로부터 6m 이상의 높이에 위험물 취급설비가 있는 것 • 일반취급소로 사용되는 부분 외의 부분을 갖는 건축물에 설치된 것
주유취급소	면적의 합이 500m² 초과하는 것
옥내저장소	• 지정수량의 150배 이상인 것 • 연면적 150m² 초과하는 것 • 처마높이가 6m 이상인 단층건물 • 옥내저장소로 사용되는 부분 외의 부분이 있는 건축물에 설치된 것
옥외저장소	• 덩어리 상태의 황을 저장하는 것으로서 경계표시 내부의 면적이 100m² 이상인 것 • 인화성 고체, 제1석유류 또는 알코올류를 저장하는 것으로서 지정수량의 100배 이상인 것
옥내탱크저장소	• 액표면적이 40m² 이상인 것(제6류 위험물을 저장하는 것 및 고인화점 위험물만을 100℃ 미만의 온도에서 저장하는 것은 제외) • 바닥면으로부터 탱크 옆판의 상단까지 높이가 6m 이상인 것(제6류 위험물을 저장하는 것 및 고인화점위험물만을 100℃ 미만의 온도에서 저장하는 것은 제외) • 탱크전용실이 단층건물 외의 건축물에 있는 것으로서 인화점 38℃ 이상 70℃ 미만의 위험물을 지정수량의 5배 이상 저장하는 것
옥외탱크저장소	• 액표면적이 40m² 이상인 것 • 지반면으로부터 탱크 옆판의 상단까지 높이가 6m 이상인 것 • 지중탱크 또는 해상탱크로서 지정수량의 100배 이상인 것 • 고체위험물을 저장하는 것으로서 지정수량의 100배 이상인 것
암반탱크저장소	• 액표면적이 40m² 이상인 것(제6류 위험물을 저장하는 것 및 고인화점 위험물만을 100℃ 미만의 온도에서 저장하는 것은 제외) • 고체위험물만을 저장하는 것으로서 지정수량의 100배 이상인 것
이송취급소	모든 대상

정답 연면적 1,000m²인 제조소, 처마높이 6m인 옥내저장소, 이송취급소

19 ★빈출

다음 위험물의 화학식과 지정수량을 쓰시오.

(1) 벤조일퍼옥사이드
- 화학식
- 지정수량

(2) 과망가니즈산암모늄
- 화학식
- 지정수량

(3) 인화아연
- 화학식
- 지정수량

위험물	유별	품명	화학식	지정수량	특징
벤조일퍼옥사이드	제5류 위험물	유기과산화물	$(C_6H_5CO)_2O_2$	종 판단 필요	• 상온에서 안정함 • 물에 잘 녹지 않고 알코올에 약간 녹음 • 강한 산화성 물질 • 유기물, 환원성과의 접촉 피하고 마찰 및 충격 피함 • 건조 방지를 위해 희석제 사용
과망가니즈산암모늄	제1류 위험물	과망가니즈산염류	NH_4MnO_4	1,000kg	강력한 산화제로서 유기물과 접촉 시 빠르고 격렬하게 반응하여 폭발 위험 있음
인화아연	제3류 위험물	금속의 인화물	Zn_3P_2	300kg	독성이 강하며, 피부나 호흡기를 통해 인체에 치명적이다.

정답
(1) $(C_6H_5CO)_2O_2$, 종 판단 필요
(2) NH_4MnO_4, 1,000kg
(3) Zn_3P_2, 300kg

20 빈출

제5류 위험물 중 트라이나이트로톨루엔에 대한 다음 물음에 답하시오.

(1) 제조방법
(2) 구조식
(3) 제조소에 설치해야 하는 주의사항 게시판

- 트라이나이트로톨루엔 - 제5류 위험물

구분	트라이나이트로톨루엔(TNT)
품명	나이트로화합물
분자식	$C_6H_2(NO_2)_3CH_3$
구조식	
특징	톨루엔의 메틸 그룹(CH_3)에 세 개의 나이트로(NO_2) 그룹이 치환된 구조
제조방법	톨루엔에 진한 질산과 진한 황산으로 나이트로화하여 제조

- 위험물 유별 운반용기 외부 주의사항과 게시판

유별	종류	운반용기 외부 주의사항	게시판
제1류	알칼리금속과산화물	가연물접촉주의, 화기·충격주의, 물기엄금	물기엄금
	그 외	가연물접촉주의, 화기·충격주의	-
제2류	철분, 금속분, 마그네슘	화기주의, 물기엄금	화기주의
	인화성 고체	화기엄금	화기엄금
	그 외	화기주의	화기주의
제3류	자연발화성 물질	화기엄금, 공기접촉엄금	화기엄금
	금수성 물질	물기엄금	물기엄금
제4류	-	화기엄금	화기엄금
제5류	-	화기엄금, 충격주의	화기엄금
제6류	-	가연물접촉주의	-

- 트라이나이트로톨루엔은 제5류 위험물로 화기엄금을 게시한다.

정답 (1) 톨루엔에 진한 질산과 진한 황산으로 나이트로화하여 제조 (2)
(3) 화기엄금

CHAPTER 07
2023 제4회 실기[필답형] 기출복원문제

01 빈출

다음 [보기]의 동식물유를 건성유, 반건성유, 불건성유로 구분하여 쓰시오.

──────[보기]──────
쌀겨기름, 목화씨기름, 피마자유, 아마인유, 야자유, 들기름

(1) 건성유
(2) 반건성유
(3) 불건성유

아이오딘값에 따른 동식물유류의 구분

구분	아이오딘값	종류
건성유	130 이상	대구유, 정어리유, 상어유, 해바라기유, 동유, 아마인유, 들기름
반건성유	100 초과 130 미만	면실유(목화씨기름), 청어유, 쌀겨유, 옥수수유, 채종유, 참기름, 콩기름
불건성유	100 이하	소기름, 돼지기름, 고래기름, 올리브유, 팜유, 땅콩기름, 피마자유, 야자유

정답
(1) 아마인유, 들기름
(2) 쌀겨기름, 목화씨기름
(3) 피마자유, 야자유

02

다음 [보기]에서 나트륨 화재 시 적응성이 있는 소화방법을 모두 골라 쓰시오.

──────[보기]──────
(1) 팽창질석
(2) 건조사
(3) 포소화설비
(4) 이산화탄소 소화설비
(5) 인산염류 분말소화기

나트륨 - 제3류 위험물
- 나트륨은 물과 반응하여 수소를 발생하며 폭발의 위험이 있기 때문에 질식소화를 해야 함
- 질식소화의 종류: 팽창질석, 건조사, 마른모래 등

정답 (1), (2)

03

위험물안전관리법령에서 정한 다음 옥내소화전 수원의 수량을 구하시오.

(1) 옥내소화전이 1층에 1개, 2층에 3개 설치
(2) 옥내소화전이 1층에 1개, 2층에 6개 설치

> **소화설비 설치기준(위험물안전관리법 시행규칙 별표 17)**
> - 옥내소화전 = 설치개수(최대 5개) × 7.8m³
> - 옥외소화전 = 설치개수(최대 4개) × 13.5m³
> - 옥내소화전의 수원의 수량은 옥내소화전이 가장 많이 설치된 층의 옥내소화전 설치개수(설치개수가 5개 이상인 경우는 5개)를 계산한다.
> (1) 한 층에 설치된 최대 개수가 3개이므로 3 × 7.8m³ = 23.4m³이다.
> (2) 한 층에 설치된 최대 개수가 6개이므로 5개로 계산하여 5 × 7.8m³ = 39m³이다.

정답 (1) 23.4m³ (2) 39m³

04

다음 위험물에 대하여 운반 시 혼재가 불가능한 위험물을 모두 쓰시오. (단, 지정수량의 1/10을 초과하여 운반하는 경우이다.)

(1) 제1류 위험물
(2) 제2류 위험물
(3) 제3류 위험물
(4) 제4류 위험물
(5) 제5류 위험물

유별을 달리하는 위험물 혼재기준(지정수량 1/10배 초과)(위험물안전관리법 시행규칙 별표 19)

1	6		혼재 가능
2	5	4	혼재 가능
3	4		혼재 가능

정답
(1) 제2류 위험물, 제3류 위험물, 제4류 위험물, 제5류 위험물
(2) 제1류 위험물, 제3류 위험물, 제6류 위험물
(3) 제1류 위험물, 제2류 위험물, 제5류 위험물, 제6류 위험물
(4) 제1류 위험물, 제6류 위험물
(5) 제1류 위험물, 제3류 위험물, 제6류 위험물

05 ⭐빈출

다음 위험물 제조소의 방화상 유효한 담의 높이는 몇 m 이상으로 하여야 하는지 쓰시오.

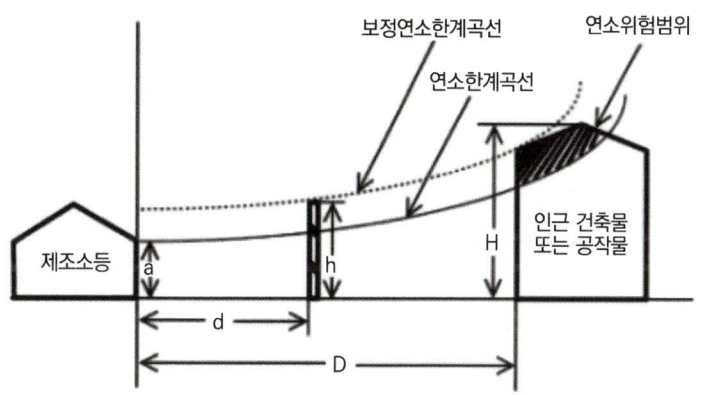

---[조건]---

D: 제조소등과 인근 건축물 또는 공작물과의 거리(10m)
H: 인근 건축물 또는 공작물의 높이(40m)
α: 제조소등의 외벽의 높이(30m)
d: 제조소등과 방화상 유효한 담과의 거리(5m)
h: 방화상 유효한 담의 높이(m)
p: 0.15

위험물제조소등 안전거리 단축기준(위험물안전관리법 시행규칙 별표 4)
• 방화상 유효한 담의 높이는 다음에 의하여 산정한 높이 이상으로 한다.
  - $H \leq pD^2 + \alpha$ 인 경우 h = 2
  - $H > pD^2 + \alpha$ 인 경우 $h = H - p(D^2 - d^2)$
• 조건에 따라 위 산정 기준을 적용하면 다음과 같다.
  $pD^2 + \alpha$ 는 $(0.15 \times 10^2) + 30 = 45m$ 이고 이는 H인 40m보다 큰 값이므로
  $H \leq pD^2 + \alpha$ 가 되어 h = 2가 된다.

정답 2m

06

아세톤에 대하여 다음 물음에 답하시오.

(1) 시성식
(2) 품명, 지정수량
(3) 증기비중

아세톤 - 제4류 위험물(인화성 액체)			
품명	화학식	지정수량	증기비중
제1석유류 (수용성)	CH₃COH₃	400L	$\dfrac{\text{아세톤 분자량}}{\text{공기의 평균 분자량}} = \dfrac{(12 \times 3) + (1 \times 6) + 16}{29} = 2$

정답 (1) CH_3COCH_3
(2) 제1석유류, 400L
(3) 2

07

다음 물질이 열분해하여 산소를 발생하는 반응식을 쓰시오.

(1) 아염소산나트륨
(2) 염소산나트륨
(3) 과염소산나트륨

(1) 아염소산나트륨의 열분해반응식
- $NaClO_2 \rightarrow NaCl + O_2$
- 아염소산나트륨은 열분해하여 염화나트륨과 산소를 발생한다.
(2) 염소산나트륨의 열분해반응식
- $2NaClO_3 \rightarrow 2NaCl + 3O_2$
- 염소산나트륨은 열분해하여 염화나트륨과 산소를 발생한다.
(3) 과염소산나트륨의 열분해반응식
- $NaClO_4 \rightarrow NaCl + 2O_2$
- 과염소산나트륨은 열분해하여 염화나트륨과 산소를 발생한다.

정답 (1) $NaClO_2 \rightarrow NaCl + O_2$
(2) $2NaClO_3 \rightarrow 2NaCl + 3O_2$
(3) $NaClO_4 \rightarrow NaCl + 2O_2$

08 빈출

주유취급소에 설치할 수 있는 탱크의 최대 용량을 쓰시오.

(1) 고정주유설비, 고정급유설비
(2) 보일러 전용탱크
(3) 자동차 점검, 정비하는 작업장의 폐유탱크
(4) 고속국도의 도로변

> **주유취급소의 위치, 구조 및 설비(위험물안전관리법 시행규칙 별표 13)**
> - 주유취급소에는 다음의 탱크 외에는 위험물을 저장 또는 취급하는 탱크를 설치할 수 없다. 다만, 규정에 의한 이동탱크저장소의 상시주차장소를 주유공지 또는 급유공지 외의 장소에 확보하여 이동탱크저장소(당해주유취급소의 위험물의 저장 또는 취급에 관계된 것에 한한다)를 설치하는 경우에는 그러하지 아니하다.
>   - 자동차 등에 주유하기 위한 고정주유설비에 직접 접속하는 전용탱크로서 50,000L 이하의 것
>   - 고정급유설비에 직접 접속하는 전용탱크로서 50,000L 이하의 것
>   - 보일러 등에 직접 접속하는 전용탱크로서 10,000L 이하의 것
>   - 자동차 등을 점검·정비하는 작업장 등(주유취급소안에 설치된 것에 한한다)에서 사용하는 폐유·윤활유 등의 위험물을 저장하는 탱크로서 용량(2 이상 설치하는 경우에는 각 용량의 합계를 말한다)이 2,000L 이하인 탱크(이하 "폐유탱크등"이라 한다)
> - 고속국도주유취급소의 특례
>   고속국도의 도로변에 설치된 주유취급소에 있어서는 규정에 의한 탱크의 용량을 60,000L까지 할 수 있다.

정답
(1) 50,000L
(2) 10,000L
(3) 2,000L
(4) 60,000L

09

옥내저장소에서 동일한 실에 유별로 정리하면 1m 이상의 간격을 두어 함께 저장할 수 있다. 다음 위험물과 혼재 가능한 위험물을 [보기]에서 골라 쓰시오. (단, 없으면 없음이라 표기하시오)

[보기]
과염소산칼륨, 염소산칼륨, 과산화나트륨, 아세톤, 과염소산, 질산, 아세트산

(1) 질산메틸
(2) 인화성 고체
(3) 황린

유별을 달리하더라도 1m 이상 간격을 둘 때 저장 가능한 경우(위험물안전관리법 시행규칙 별표 18)
- 제1류 위험물(알칼리금속의 과산화물 또는 이를 함유한 것 제외)과 제5류 위험물
- 제1류 위험물과 제6류 위험물
- 제1류 위험물과 제3류 위험물 중 자연발화성 물질(황린 또는 이를 함유한 것)
- 제2류 위험물 중 인화성 고체와 제4류 위험물
- 제3류 위험물 중 알킬알루미늄등과 제4류 위험물(알킬알루미늄 또는 알킬리튬을 함유한 것)
- 제4류 위험물 중 유기과산화물 또는 이를 함유하는 것과 제5류 위험물 중 유기과산화물 또는 이를 함유한 것

위험물	유별	품명
과염소산칼륨	제1류 위험물	과염소산염류
염소산칼륨	제1류 위험물	염소산염류
과산화나트륨	제1류 위험물	무기과산화물
아세톤	제4류 위험물	제1석유류
과염소산	제6류 위험물	과염소산
질산	제6류 위험물	질산
아세트산	제4류 위험물	제2석유류
질산메틸	제5류 위험물	질산에스터류
인화성 고체	제2류 위험물	인화성 고체
황린	제3류 위험물	황린

- 질산메틸은 제5류 위험물이므로 제1류 위험물(알칼리금속의 과산화물 제외)과 혼재 가능하다.
- 인화성 고체는 제2류 위험물이므로 제4류 위험물과 혼재 가능하다.
- 황린은 제3류 위험물이므로 제1류 위험물과 혼재 가능하다.

정답
(1) 과염소산칼륨, 염소산칼륨
(2) 아세톤, 아세트산
(3) 과염소산칼륨, 염소산칼륨, 과산화나트륨

10

위험물안전관리법령상 다음 옥외저장탱크에 대하여 물음에 답하시오.

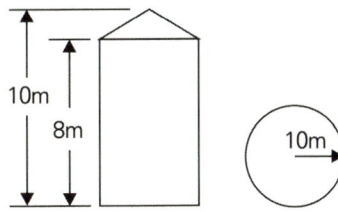

(1) 공간용적 10%일 때 탱크의 용량(L)을 구하시오.
(2) 기술검토를 받아야 하는지 쓰시오.
(3) 완공검사를 받아야 하는지 쓰시오.
(4) 정기검사를 받아야 하는지 쓰시오.

- 종으로 설치한 원통형 탱크의 용량
  $V = \pi r^2 l \times (1 - 공간용적)$
  $= \pi \times 10^2 \times 8 \times (1 - 0.1) = 2,261,946.71L$
- 제조소등의 설치 및 변경의 허가(위험물안전관리법 시행령 제6조)
  시·도지사는 제1항에 따른 제조소등의 설치허가 또는 변경허가 신청 내용이 다음의 기준에 적합하다고 인정하는 경우에는 허가를 하여야 한다.
  - 기준: 옥외탱크저장소(저장용량이 50만 리터 이상인 것만 해당한다) 또는 암반탱크저장소의 위험물탱크의 기초·지반, 탱크본체 및 소화설비에 관한 사항이 「소방산업의 진흥에 관한 법률」 제14조에 따른 한국소방산업기술원의 기술검토를 받고 그 결과가 행정안전부령으로 정하는 기준에 적합한 것으로 인정될 것
- 기술검토의 신청 등(위험물안전관리법 시행규칙 제9조)
  기술검토를 미리 받으려는 자는 다음 각 호의 구분에 따른 신청서(전자문서로 된 신청서를 포함한다)와 서류(전자문서를 포함한다)를 기술원에 제출하여야 한다.
- 완공검사(위험물안전관리법 제9조)
  규정에 따른 허가를 받은 자가 제조소등의 설치를 마쳤거나 그 위치·구조 또는 설비의 변경을 마친 때에는 당해 제조소등마다 시·도지사가 행하는 완공검사를 받아 제5조제4항의 규정에 따른 기술기준에 적합하다고 인정받은 후가 아니면 이를 사용하여서는 아니된다.
- 정기검사의 대상인 제조소등(위험물안전관리법 시행령 제17조)
  "대통령령으로 정하는 제조소등"이란 액체위험물을 저장 또는 취급하는 50만 리터 이상의 옥외탱크저장소를 말한다.

정답
(1) 2,261,946.71L
(2) 받아야 한다.
(3) 받아야 한다.
(4) 받아야 한다.

11 ⭐빈출

표준상태에서 탄화칼슘 32g이 물과 반응하여 생성되는 기체가 완전연소하기 위한 산소의 부피(L)를 구하시오.

- 탄화칼슘과 물의 반응식: $CaC_2 + 2H_2O \rightarrow Ca(OH)_2 + C_2H_2$
  탄화칼슘은 물과 반응하여 수산화칼슘과 아세틸렌을 발생한다.
- 이상기체방정식을 이용하여 아세틸렌의 부피를 구하기 위해 $PV = \dfrac{wRT}{M}$의 식을 사용한다.
- 위의 반응식에서 탄화칼슘과 아세틸렌은 1 : 1의 비율로 반응하므로 다음과 같은 식이 된다.
  $V = \dfrac{wRT}{PM} = \dfrac{32g \times 0.082 \times 273K}{1 \times 64g/mol} \times \dfrac{1}{1} = 11.193L$
- 따라서 32g의 탄화칼슘이 반응하여 11.193L의 아세틸렌이 발생한다.
- 아세틸렌의 연소반응식은 $2C_2H_2 + 5O_2 \rightarrow 4CO_2 + 2H_2O$로 아세틸렌과 산소는 2 : 5 비율로 반응한다.
- 따라서, 산소의 부피는 $11.193L \times \dfrac{5}{2} = 27.98L$이다.

[*표준상태: 0℃, 1기압]
- P: 압력(1atm)
- w: 질량(g) → 32g
- M: 분자량 → 탄화칼슘(CaC_2)의 분자량 = 40 + (12 × 2) = 64g/mol (Ca 원자량: 40, C 원자량: 12)
- V: 부피(L)
- R: 기체상수(0.082L · atm/mol · K)
- T: 절대온도(K, 절대온도로 변환하기 위해 273을 더한다) → 0 + 273 = 273K

정답 27.98L

12 ⭐빈출

다음 [보기]의 위험물을 인화점이 낮은 것부터 높은 것 순으로 쓰시오.

―――[보기]―――
에틸렌글리콜, 나이트로벤젠, 초산에틸, 메틸알코올

위험물	품명	인화점(℃)
초산에틸	제1석유류(비수용성)	-3
메틸알코올	알코올류	11
나이트로벤젠	제3석유류(비수용성)	88
에틸렌글리콜	제3석유류(수용성)	120

정답 초산에틸, 메틸알코올, 나이트로벤젠, 에틸렌글리콜

13

다음 소화약제를 보고 각각 알맞은 화학식을 쓰시오.

(1) 할론 2402
(2) 할론 1211
(3) HFC-23
(4) HFC-125

- 할론명명법: C, F, Cl, Br 순으로 원소의 개수를 나열할 것
  - Halon 2402: $C_2F_4Br_2$
  - Halon 1211: CF_2ClBr
- 할로겐(할로젠)화합물 및 불활성 기체 소화설비의 화재안전성능기준에 의한 표기는 다음과 같다.
  - HFC-23(트라이플루오로메탄): CHF_3
  - HFC-125(펜타플루오로에탄): C_2HF_5

정답 (1) $C_2F_4Br_2$ (2) CF_2ClBr (3) CHF_3 (4) C_2HF_5

14

다음 [보기]에서 물질의 연소형태에 맞게 알맞게 쓰시오.

---[보기]---
나트륨, TNT, 에틸알코올, 금속분, 다이에틸에터, 피크린산

(1) 표면연소
(2) 증발연소
(3) 자기연소

고체가연물의 연소형태
- 표면연소: 목탄, 코크스, 숯, 금속분, 나트륨 등
- 분해연소: 목재, 종이, 플라스틱, 섬유, 석탄 등
- 자기연소: 제5류 위험물 중 고체
- 증발연소: 파라핀(양초), 황, 나프탈렌, 에틸알코올, 다이에틸에터 등

정답
(1) 나트륨, 금속분
(2) 에틸알코올, 다이에틸에터
(3) TNT, 피크린산

15

아세트알데하이드를 산화시켜 얻을 수 있는 제4류 위험물에 대하여 다음 물음에 답하시오.

(1) 시성식
(2) 완전연소반응식
(3) 옥내저장소에 저장 시 바닥면적

아세트산 - 제4류 위험물(제2석유류)
- 아세트알데하이드의 산화반응식: $2CH_3CHO + O_2 \rightarrow 2CH_3COOH$
  아세트알데하이드는 산소에 의해 산화되어 아세트산이 발생된다.
- 아세트산의 연소반응식: $CH_3COOH + 2O_2 \rightarrow 2CO_2 + 2H_2O$
  아세트산은 연소하여 이산화탄소와 물을 생성한다.

옥내저장소의 위치, 구조 및 설비의 기준(위험물안전관리법 시행규칙 별표 5)
하나의 저장창고의 바닥면적(2 이상의 구획된 실이 있는 경우에는 각 실의 바닥면적의 합계)은 다음 각목의 구분에 의한 면적 이하로 하여야 한다. 이 경우 가목의 위험물과 나목의 위험물을 같은 저장창고에 저장하는 때에는 가목의 위험물을 저장하는 것으로 보아 그에 따른 바닥면적을 적용한다.

가. 다음의 위험물을 저장하는 창고: 1,000m²
  1) 제1류 위험물 중 아염소산염류, 염소산염류, 과염소산염류, 무기과산화물 그 밖에 지정수량이 50kg인 위험물
  2) 제3류 위험물 중 칼륨, 나트륨, 알킬알루미늄, 알킬리튬 그 밖에 지정수량이 10kg인 위험물 및 황린
  3) 제4류 위험물 중 특수인화물, 제1석유류 및 알코올류
  4) 제5류 위험물 중 유기과산화물, 질산에스터류 그 밖에 지정수량이 10kg인 위험물
  5) 제6류 위험물
나. 가목의 위험물 외의 위험물을 저장하는 창고: 2,000m²
다. 가목의 위험물과 나목의 위험물을 내화구조의 격벽으로 완전히 구획된 실에 각각 저장하는 창고: 1,500m²(가목의 위험물을 저장하는 실의 면적은 500m²를 초과할 수 없다)
  → 아세트산은 제4류 위험물 중 제2석유류 이므로 바닥면적은 2,000m²이다.

정답
(1) CH_3COOH
(2) $CH_3COOH + 2O_2 \rightarrow 2CO_2 + 2H_2O$
(3) 2,000m²

16 빈출

분자량이 32이고 로켓의 원료로 사용되는 물질에 대하여 다음 물음에 답하시오.

(1) 품명
(2) 시성식
(3) 연소반응식

하이드라진 - 제4류 위험물(제2석유류)

위험물	분자량	비중	인화점	특징
하이드라진(N_2H_4)	32g/mol	1.011	37.8℃	로켓의 원료로 사용

- 하이드라진의 연소반응식: $N_2H_4 + O_2 \rightarrow N_2 + 2H_2O$
- 하이드라진은 연소하여 질소와 물을 생성한다.

정답
(1) 제2석유류
(2) N_2H_4
(3) $N_2H_4 + O_2 \rightarrow N_2 + 2H_2O$

17

다음 소화설비 적응성 표에 소화가 가능한 경우 ○ 표시를 하시오.

소화설비의 구분	건축물 그 밖의 공작물	전기설비	제1류 위험물		제2류 위험물			제3류 위험물		제4류 위험물	제5류 위험물	제6류 위험물
			알칼리 금속 과산화물등	그밖의 것	철분 금속분 마그네슘등	인화성 고체	그밖의 것	금수성 물질	그밖의 것			
옥내소화전 옥외소화전설비	○			○		○	○		○		○	○
스프링클러설비	○			○		○	○		○	△	○	○
물분무 소화설비												

소화설비의 기준(위험물안전관리법 시행규칙 별표 17)

소화설비의 구분	대상물 구분										
	건축물 그 밖의 공작물	전기 설비	제1류 위험물		제2류 위험물			제3류 위험물		제4류 위험물	제5류 위험물	제6류 위험물
			알칼리 금속과산화물등	그밖의 것	철분 금속분 마그네슘등	인화성 고체	그밖의 것	금수성 물질	그밖의 것			
옥내소화전 옥외소화전설비	○			○		○	○		○		○	○
스프링클러설비	○			○		○	○		○	△	○	○
물분무 소화설비	○	○		○		○	○		○	○	○	○

- 물분무 소화설비는 주수소화, 질식소화 효과가 있다.
- 건축물 그 밖의 공작물은 주수소화한다.
- 전기설비는 포 소화설비를 제외한 질식소화에 적응성이 있다.

정답 [해설참조]

18 빈출

이황화탄소에 대하여 다음 물음에 답하시오.

(1) 연소반응식
(2) 품명
(3) 저장하는 철근콘크리트 수조의 최소 두께

이황화탄소 - 제4류 위험물

등급	위험물	분자식	품명	지정수량
I	이황화탄소	CS_2	특수인화물	50L

- 이황화탄소의 연소반응식: $CS_2 + 3O_2 \rightarrow CO_2 + 2SO_2$
  이황화탄소는 연소하여 이산화탄소와 이산화황을 생성한다.
- 이황화탄소의 옥외저장탱크 기준(위험물안전관리법 시행규칙 별표 6)
  이황화탄소의 옥외저장탱크는 벽 및 바닥의 두께가 0.2m 이상이고 누수가 되지 아니하는 철근콘크리트의 수조에 넣어 보관하여야 한다. 이 경우 보유공지·통기관 및 자동계량장치는 생략할 수 있다.

정답
(1) $CS_2 + 3O_2 \rightarrow CO_2 + 2SO_2$
(2) 특수인화물
(3) 0.2m

19

위험물안전관리법령에서 정한 농도가 36wt% 미만일 경우 위험물에서 제외되는 제6류 위험물에 대하여 다음 물음에 답하시오.

(1) 산소가 생성되는 반응식
(2) 운반용기 외부에 표시하여야 하는 주의사항
(3) 위험등급

과산화수소(H_2O_2) - 제6류 위험물

위험등급	위험물	품명	지정수량	위험물 기준	운반용기 외부 표시사항
I	과산화수소(H_2O_2)	제6류 위험물	300kg	농도 36wt% 이상	가연물접촉주의

- 과산화수소의 분해반응식: $2H_2O_2 \rightarrow 2H_2O + O_2$
- 과산화수소는 분해하여 물과 산소를 생성한다.

정답
(1) $2H_2O_2 \rightarrow 2H_2O + O_2$
(2) 가연물접촉주의
(3) I 등급

20

제3류 위험물인 나트륨에 대하여 다음 물음에 답하시오.

(1) 나트륨과 물의 반응식
(2) 나트륨의 연소반응식
(3) 나트륨이 연소할 때 불꽃의 색상

(1) 나트륨과 물의 반응식
- $2Na + 2H_2O \rightarrow 2NaOH + H_2$
- 나트륨은 물과 반응하여 수산화나트륨과 수소를 발생한다.
(2) 나트륨의 연소반응식
- $4Na + O_2 \rightarrow 2Na_2O$
- 나트륨은 연소하여 산화나트륨을 생성한다.
(3) 나트륨이 연소할 때 발생하는 불꽃
- 나트륨이 연소할 때 발생하는 불꽃은 노란색이다.
- 이 노란색 불꽃은 나트륨 이온이 기저 상태로 돌아올 때 특정 파장의 빛을 방출하기 때문에 발생한다.
- 이 특성 때문에 나트륨 불꽃은 화학 실험에서 원소를 식별하는 데 종종 사용된다.

정답
(1) $2Na + 2H_2O \rightarrow 2NaOH + H_2$
(2) $4Na + O_2 \rightarrow 2Na_2O$
(3) 노란색

CHAPTER 08
2023 제2회 실기[필답형] 기출복원문제

01 빈출

지하탱크저장소 구조에 대하여 다음과 같을 때 빈칸에 알맞은 말을 쓰시오.

- 지하저장탱크의 윗부분은 지면으로부터 (①)m 이상 아래에 있어야 한다.
- 지하저장탱크를 2 이상 인접해 설치하는 경우에는 그 상호 간에 (②)m(당해 2 이상의 지하저장탱크의 용량의 합계가 지정수량의 100배 이하인 때에는 0.5m) 이상의 간격을 유지하여야 한다. 다만, 그 사이에 탱크전용실의 벽이나 두께 20cm 이상의 콘크리트 구조물이 있는 경우에는 그러하지 아니하다.
- 지하저장탱크는 용량에 따라 다음 표에 정하는 기준에 적합하게 강철판 또는 동등 이상의 성능이 있는 금속재질로 (③)용접 또는 (④)용접으로 틈이 없도록 만드는 동시에, 압력탱크(최대상용압력이 46.7kPa 이상인 탱크를 말한다) 외의 탱크에 있어서는 70kPa의 압력으로, 압력탱크에 있어서는 최대상용압력의 (⑤)배의 압력으로 각각 (⑥)분간 수압시험을 실시하여 새거나 변형되지 아니하여야 한다. 이 경우 수압시험은 소방청장이 정하여 고시하는 기밀시험과 비파괴시험을 동시에 실시하는 방법으로 대신할 수 있다.

> **지하탱크저장소의 위치, 구조 및 설비의 기준(위험물안전관리법 시행규칙 별표 8)**
> - 지하저장탱크의 윗부분은 지면으로부터 0.6m 이상 아래에 있어야 한다.
> - 지하저장탱크를 2 이상 인접해 설치하는 경우에는 그 상호간에 1m(당해 2 이상의 지하저장탱크의 용량의 합계가 지정수량의 100배 이하인 때에는 0.5m) 이상의 간격을 유지하여야 한다. 다만, 그 사이에 탱크전용실의 벽이나 두께 20㎝ 이상의 콘크리트 구조물이 있는 경우에는 그러하지 아니하다.
> - 지하저장탱크는 용량에 따라 다음 표에 정하는 기준에 적합하게 강철판 또는 동등 이상의 성능이 있는 금속재질로 완전용입용접 또는 양면겹침이음용접으로 틈이 없도록 만드는 동시에, 압력탱크(최대상용압력이 46.7kPa 이상인 탱크를 말한다) 외의 탱크에 있어서는 70kPa의 압력으로, 압력탱크에 있어서는 최대상용압력의 1.5배의 압력으로 각각 10분간 수압시험을 실시하여 새거나 변형되지 아니하여야 한다. 이 경우 수압시험은 소방청장이 정하여 고시하는 기밀시험과 비파괴시험을 동시에 실시하는 방법으로 대신할 수 있다.

정답 ① 0.6 ② 1 ③ 완전용입 ④ 양면겹침이음 ⑤ 1.5 ⑥ 10

02 ✈빈출

다음 [보기] 위험물의 지정수량 배수의 합을 구하시오.

─────────────[보기]─────────────
톨루엔 1,000L, 스타이렌 2,000L, 아닐린 4,000L, 기어유 6,000L, 올리브유 20,000L

- 위험물별 지정수량

위험물	품명	지정수량(L)
톨루엔	제1석유류(비수용성)	200
스타이렌	제2석유류(비수용성)	1,000
아닐린	제3석유류(비수용성)	2,000
기어유	제4석유류	6,000
올리브유	동식물유류	10,000

- 지정수량 배수 = $\dfrac{\text{저장량}}{\text{지정수량}}$

- 지정수량 배수의 합 = $\dfrac{1,000L}{200L} + \dfrac{2,000L}{1,000L} + \dfrac{4,000L}{2,000L} + \dfrac{6,000L}{6,000L} + \dfrac{20,000L}{10,000L}$ = 12배

정답 12배

03 ✈빈출

탄화칼슘은 연소하여 산화칼슘과 이산화탄소를 생성한다. 또한 고온에서 질소와도 반응이 가능하다. 다음 물음에 답하시오.

(1) 탄화칼슘의 연소반응식을 쓰시오.
(2) 탄화칼슘과 질소가 반응하여 생성되는 물질 2가지를 쓰시오.

(1) 탄화칼슘의 연소반응식
  - $2CaC_2 + 5O_2 \rightarrow 2CaO + 4CO_2$
  - 탄화칼슘은 연소하여 산화칼슘과 이산화탄소를 생성한다.
(2) 탄화칼슘과 질소의 반응식
  - $CaC_2 + N_2 \rightarrow CaCN_2 + C$
  - 탄화칼슘은 질소와 반응하여 석회질소와 탄소를 생성한다.

정답 (1) $2CaC_2 + 5O_2 \rightarrow 2CaO + 4CO_2$
(2) 석회질소, 탄소

04 빈출

다음 위험물을 운반할 때 운반용기 외부에 표시하여야 하는 주의사항을 모두 쓰시오.
(1) 벤조일퍼옥사이드
(2) 마그네슘
(3) 과산화나트륨
(4) 인화성 고체
(5) 기어유

위험물의 품명

위험물	품명
벤조일퍼옥사이드	제5류 위험물 중 유기과산화물
마그네슘	제2류 위험물 중 마그네슘
과산화나트륨	제1류 위험물 중 알칼리금속의 과산화물
인화성 고체	제2류 위험물 중 인화성 고체
기어유	제4류 위험물 중 제4석유류

위험물 유별 운반용기 외부 주의사항 및 게시판(위험물안전관리법 시행규칙 별표 4, 별표 19)

유별	종류	운반용기 외부 주의사항	게시판
제1류	알칼리금속의 과산화물	가연물접촉주의, 화기·충격주의, 물기엄금	물기엄금
	그 외	가연물접촉주의, 화기·충격주의	-
제2류	철분, 금속분, 마그네슘	화기주의, 물기엄금	화기주의
	인화성 고체	화기엄금	화기엄금
	그 외	화기주의	화기주의
제3류	자연발화성 물질	화기엄금, 공기접촉엄금	화기엄금
	금수성 물질	물기엄금	물기엄금
제4류	-	화기엄금	화기엄금
제5류	-	화기엄금, 충격주의	화기엄금
제6류	-	가연물접촉주의	-

정답
(1) 화기엄금, 충격주의
(2) 화기주의, 물기엄금
(3) 가연물접촉주의, 화기·충격주의, 물기엄금
(4) 화기엄금
(5) 화기엄금

05

제4류 위험물 중 수용성인 위험물을 고르시오.

> 사이안화수소, 아세톤, 클로로벤젠, 글리세린, 하이드라진

제4류 위험물(인화성 액체)

위험물	품명	수용성 여부	지정수량
사이안화수소	제1석유류	○	400L
아세톤	제1석유류	○	400L
클로로벤젠	제2석유류	×	1,000L
글리세린	제3석유류	○	4,000L
하이드라진	제2석유류	○	2,000L

정답 사이안화수소, 아세톤, 글리세린, 하이드라진

06

흑색화약의 원료 3가지 중 위험물인 것에 대하여 다음 표에 알맞은 답을 쓰시오.

화학식	품명	지정수량
①	②	③
④	⑤	⑥

- 제1류 위험물인 질산칼륨(KNO_3)은 황(S), 목탄과 혼합하여 흑색화약을 제조한다.
- 질산칼륨과 황의 품명과 지정수량

위험물	품명	지정수량
질산칼륨	질산염류	300kg
황	황	100kg

정답 ① KNO_3 ② 질산염류 ③ 300kg ④ S ⑤ 황 ⑥ 100kg

07 빈출

다음 위험물에 대하여 운반 시 혼재가 불가능한 위험물을 모두 쓰시오. (단, 지정수량의 1/10을 초과하여 운반하는 경우이다.)

(1) 제1류 위험물
(2) 제2류 위험물
(3) 제3류 위험물
(4) 제4류 위험물
(5) 제5류 위험물

유별을 달리하는 위험물 혼재기준(지정수량 1/10배 초과)(위험물안전관리법 시행규칙 별표 19)

1	6		혼재 가능
2	5	4	혼재 가능
3	4		혼재 가능

정답
(1) 제2류 위험물, 제3류 위험물, 제4류 위험물, 제5류 위험물
(2) 제1류 위험물, 제3류 위험물, 제6류 위험물
(3) 제1류 위험물, 제2류 위험물, 제5류 위험물, 제6류 위험물
(4) 제1류 위험물, 제6류 위험물
(5) 제1류 위험물, 제3류 위험물, 제6류 위험물

08

환원력이 아주 크고, 물과 에테르, 알코올에 녹으며, 은거울반응을 하고 산화하면 아세트산이 되는 이 위험물에 대하여 알맞은 답을 쓰시오.

(1) 물질의 명칭
(2) 화학식

아세트알데하이드(CH_3CHO) - 제4류 위험물
- 아세트알데하이드(CH_3CHO)는 제4류 위험물 중 특수인화물로 무색의 액체이며, 인화점은 -38℃이다.
- 아세트알데하이드는 환원성 알데하이드이기 때문에 은거울반응을 일으키며, 반응 과정에서 알데하이드가 카복실산으로 산화되고, 질산은 ($AgNO_3$)이 금속 은으로 환원되어 거울 같은 은 표면을 형성한다.
- 아세트알데하이드는 물, 에테르, 알코올 등에 잘 녹는다.
- 아세트알데하이드는 저장 시 구리, 은, 수은, 마그네슘 등으로 만든 용기 사용하지 않고, 스테인리스강이나 특수 코팅된 용기에 저장한다.
- 아세트알데하이드는 낮은 인화점과 높은 증기압 때문에 가연성 및 폭발 위험이 높은 물질로 분류된다.

정답
(1) 아세트알데하이드
(2) CH_3CHO

09

옥내소화전설비에서 압력수조를 이용한 가압송수장치를 사용할 때 압력을 구하는 공식으로 알맞은 내용을 [보기]에서 모두 골라 쓰시오.

P = ( ) + ( ) + ( ) + ( )

[보기]

A: 소방용 호스의 마찰손실수두(m)
B: 배관의 마찰손실수두(m)
C: 소방용 호스의 마찰손실수두압(MPa)
D: 배관의 마찰손실수두압(MPa)
E: 방수압력 환산수두압(MPa)
F: 낙차의 환산수두압(MPa)
G: 낙차(m)
H: 0.35(MPa)
I: 35m

옥내소화전설비 압력수조의 최소 압력을 구하는 방법
- P = p1 + p2 + p3 + 0.35MPa
- 필요한 압력 = 소방용 호스의 마찰손실수두압 + 배관의 마찰손실수두압 + 낙차의 환산수두압 + 0.35MPa
  - P: 필요한 압력(단위 MPa)
  - p1: 소방용 호스의 마찰손실수두압(단위 MPa)
  - p2: 배관의 마찰손실수두압(단위 MPa)
  - p3: 낙차의 환산수두압(단위 MPa)

정답 C, D, F, H

10

이황화탄소를 제외한 제4류 위험물을 취급하는 제조소의 옥외저장탱크에 100만 리터 1기, 50만 리터 2기, 10만 리터 3기가 있다. 이 중 50만 리터 탱크 1기를 다른 방유제에 설치하고 나머지를 하나의 방유제에 설치할 경우 방유제 전체의 최소 용량의 합계(L)를 구하시오.

(1) 계산과정
(2) 답

- 제조소 옥외에 있는 위험물취급탱크로서 액체위험물(이황화탄소 제외)을 취급하는 것의 주위에는 다음 기준에 의해 방유제를 설치한다.
  - 탱크 1기: 탱크용량 × 0.5
  - 탱크 2기: (최대 탱크용량 × 0.5) + (나머지 탱크용량 × 0.1)
- 100만 리터 1기, 50만 리터 2기, 10만 리터 3기가 있는 경우
  (최대 탱크용량 × 0.5) + (나머지 탱크용량 × 0.1) = (1,000,000 × 0.5) + {(500,000 + 100,000 × 3) × 0.1} = 580,000L
- 50만 리터 탱크 1기가 있는 경우
  탱크용량 × 0.5 = 500,000 × 0.5 = 250,000L
- 방유제 전체의 최소 용량의 합계: 580,000L + 250,000L = 830,000L

정답 (1) [해설참조] (2) 830,000L

11 빈출

다음 소화약제의 화학식을 쓰시오.

(1) 제2종 분말 소화약제
(2) 할론 1301
(3) IG-100

(1) 분말 소화약제의 종류

약제명	주성분	분해식	색상	적응화재
제1종	탄산수소나트륨	$2NaHCO_3 \rightarrow Na_2CO_3 + CO_2 + H_2O$	백색	BC
제2종	탄산수소칼륨	$2KHCO_3 \rightarrow K_2CO_3 + CO_2 + H_2O$	보라색 (담회색)	BC
제3종	인산암모늄	1차: $NH_4H_2PO_4 \rightarrow NH_3 + H_3PO_4$ 2차: $NH_4H_2PO_4 \rightarrow NH_3 + HPO_3 + H_2O$	담홍색	ABC
제4종	탄산수소칼륨 + 요소	-	회색	BC

(2) 할론 1301
  - 할론명명법: C, F, Cl, Br 순으로 원소의 개수를 나열할 것
  - Halon 1301 = CF_3Br
(3) IG-100: 질소(N_2) 100%로 구성되어 있으며 화재 시 산소를 대체하여 연소를 억제한다.

정답 (1) $KHCO_3$ (2) CF_3Br (3) N_2

12

트라이에틸알루미늄에 대하여 다음 물음에 알맞은 답을 넣으시오.

(1) 물과의 화학반응식
(2) (1)에서 1mol의 트라이에틸알루미늄이 반응했을 때 표준상태에서 발생한 기체의 부피(L)
(3) 옥내저장소에 저장할 때 저장창고의 최대 바닥면적(m^2)

---

(1) 트라이에틸알루미늄과 물의 반응식
- $(C_2H_5)_3Al + 3H_2O \rightarrow Al(OH)_3 + 3C_2H_6$
- 트라이에틸알루미늄은 물과 반응하여 수산화알루미늄과 에탄을 발생한다.

(2) 1mol의 트라이에틸알루미늄이 물과 반응 시 발생하는 기체의 부피
- 이상기체방정식을 이용하여 에탄의 부피를 구하기 위해 PV = nRT의 식을 사용한다.
- (1)의 반응식에서 트라이에틸알루미늄과 에탄은 1 : 3의 비율로 반응하므로 다음과 같은 식이 된다.
- $V = \dfrac{nRT}{P} = \dfrac{1mol \times 0.082 \times 273K}{1} \times \dfrac{3}{1} = 67.16L$

[*표준상태: 0℃, 1기압]
- P: 압력(1atm)
- V: 부피(L)
- R: 기체상수(0.082L · atm/mol · K)
- T: 절대온도(K, 절대온도로 변환하기 위해 273을 더한다.) → 0 + 273 = 273K

(3) 옥내저장소의 저장 시 바닥면적 기준(위험물안전관리법 시행규칙 별표 5)
다음의 위험물을 저장하는 창고의 최대 바닥면적: 1,000m^2
- 제1류 위험물 중 아염소산염류, 염소산염류, 과염소산염류, 무기과산화물 그 밖에 지정수량이 50kg인 위험물
- 제3류 위험물 중 칼륨, 나트륨, 알킬알루미늄, 알킬리튬 그 밖에 지정수량이 10kg인 위험물 및 황린
- 제4류 위험물 중 특수인화물, 제1석유류 및 알코올류
- 제5류 위험물 중 유기과산화물, 질산에스터류 그 밖에 지정수량이 10kg인 위험물
- 제6류 위험물
→ 트라이에틸알루미늄[$(C_2H_5)_3Al$]: 제3류 위험물 중 알킬알루미늄으로 지정수량은 10kg이다.

정답
(1) $(C_2H_5)_3Al + 3H_2O \rightarrow Al(OH)_3 + 3C_2H_6$
(2) 67.16L
(3) 1,000m^2

13

다음은 위험물안전관리법령에서 정한 인화점 측정방법이다. 다음 내용을 보고 빈칸에 해당하는 인화점 측정 시험방법의 종류를 쓰시오.

---

(1) (①) 인화점측정기
- 시험장소는 1기압, 무풍의 장소로 할 것
- 시료컵을 설정온도까지 가열 또는 냉각하여 시험물품(설정온도가 상온보다 낮은 온도인 경우에는 설정온도까지 냉각한 것) 2mL를 시료컵에 넣고 즉시 뚜껑 및 개폐기를 닫을 것
- 시험불꽃을 점화하고 화염의 크기를 직경 4mm가 되도록 조정할 것

(2) (②) 인화점측정기
- 시험장소는 1기압, 무풍의 장소로 할 것
- 시료컵에 시험물품 50cm³를 넣고 시험물품의 표면의 기포를 제거 후 뚜껑을 닫을 것
- 시험불꽃을 점화하고 화염의 크기를 직경이 4mm가 되도록 조정할 것

(3) (③) 인화점측정기
- 시험장소는 1기압, 무풍의 장소로 할 것
- 시료컵의 표선까지 시험물품을 채우고 시험물품의 표면의 기포를 제거할 것
- 시험불꽃을 점화하고 화염의 크기를 직경이 4mm가 되도록 조정할 것

인화점 측정방법(위험물안전관리에 관한 세부기준 제14 ~ 16조)

- 태그밀폐식 인화점측정기에 의한 인화점 측정시험(제14조)
  1. 시험장소는 1기압, 무풍의 장소로 할 것
  2. 「원유 및 석유 제품 인화점 시험방법 – 태그밀폐식 시험방법」(KS M 2010)에 의한 인화점측정기의 시료컵에 시험물품 50cm³를 넣고 시험물품의 표면의 기포를 제거한 후 뚜껑을 덮을 것
  3. 시험불꽃을 점화하고 화염의 크기를 직경이 4mm가 되도록 조정할 것
- 신속평형법 인화점측정기에 의한 인화점 측정시험(제15조)
  1. 시험장소는 1기압, 무풍의 장소로 할 것
  2. 신속평형법 인화점측정기의 시료컵을 설정온도까지 가열 또는 냉각하여 시험물품(설정온도가 상온보다 낮은 온도인 경우에는 설정온도까지 냉각한 것) 2ml를 시료컵에 넣고 즉시 뚜껑 및 개폐기를 닫을 것
  3. 시료컵의 온도를 1분간 설정온도로 유지할 것
  4. 시험불꽃을 점화하고 화염의 크기를 직경 4mm가 되도록 조정할 것
- 클리브랜드 개방컵 인화점측정기에 의한 인화점 측정시험(제16조)
  1. 시험장소는 1기압, 무풍의 장소로 할 것
  2. 「인화점 및 연소점 시험방법 – 클리브랜드 개방컵 시험방법」(KS M ISO 2592)에 의한 인화점측정기의 시료컵의 표선까지 시험물품을 채우고 시험물품의 표면의 기포를 제거할 것
  3. 시험불꽃을 점화하고 화염의 크기를 직경 4mm가 되도록 조정할 것

정답 ① 신속평형법 ② 태그밀폐식 ③ 클리브랜드 개방컵

14

위험물안전관리법령상 다음 옥외저장탱크에 대하여 물음에 답하시오.

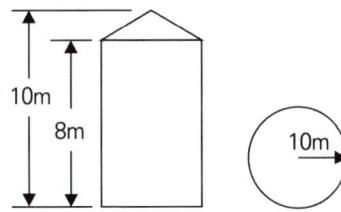

(1) 공간용적 10%일 때 탱크의 용량(L)을 구하시오.
(2) 기술검토를 받아야 하는지 쓰시오.
(3) 완공검사를 받아야 하는지 쓰시오.
(4) 정기검사를 받아야 하는지 쓰시오.

- 종으로 설치한 원통형 탱크의 용량
  $V = \pi r^2 \times (1 - 공간용적)$
  $= \pi \times 10^2 \times 8 \times (1 - 0.1) = 2,261,946.71L$
- 제조소등의 설치 및 변경의 허가(위험물안전관리법 시행령 제6조)
  시·도지사는 제1항에 따른 제조소등의 설치허가 또는 변경허가 신청 내용이 다음의 기준에 적합하다고 인정하는 경우에는 허가를 하여야 한다.
  - 기준: 옥외탱크저장소(저장용량이 50만 리터 이상인 것만 해당한다) 또는 암반탱크저장소의 위험물탱크의 기초·지반, 탱크본체 및 소화설비에 관한 사항이 「소방산업의 진흥에 관한 법률」 제14조에 따른 한국소방산업기술원의 기술검토를 받고 그 결과가 행정안전부령으로 정하는 기준에 적합한 것으로 인정될 것
- 기술검토의 신청 등(위험물안전관리법 시행규칙 제9조)
  기술검토를 미리 받으려는 자는 다음 각 호의 구분에 따른 신청서(전자문서로 된 신청서를 포함한다)와 서류(전자문서를 포함한다)를 기술원에 제출하여야 한다.
- 완공검사(위험물안전관리법 제9조)
  규정에 따른 허가를 받은 자가 제조소등의 설치를 마쳤거나 그 위치·구조 또는 설비의 변경을 마친 때에는 당해 제조소등마다 시·도지사가 행하는 완공검사를 받아 제5조제4항의 규정에 따른 기술기준에 적합하다고 인정받은 후가 아니면 이를 사용하여서는 아니된다.
- 정기검사의 대상인 제조소등(위험물안전관리법 시행령 제17조)
  "대통령령으로 정하는 제조소등"이란 액체위험물을 저장 또는 취급하는 50만 리터 이상의 옥외탱크저장소를 말한다.

정답
(1) 2,261,946.71L
(2) 받아야 한다.
(3) 받아야 한다.
(4) 받아야 한다.

15 *빈출*

제1류 위험물인 염소산칼륨에 관한 내용이다. 다음 각 물음에 답하시오.

(1) 완전분해반응식
(2) 염소산칼륨 1kg가 표준상태에서 완전 분해 시 생성되는 산소의 부피(m^3) (단, 염소산칼륨의 분자량은 123이다)

> (1) 염소산칼륨의 완전분해반응식
> - $2KClO_3 \rightarrow 2KCl + 3O_2$
> - 염소산칼륨은 완전분해하여 염화칼륨과 산소를 생성한다.
>
> (2) 표준상태에서 염소산칼륨 1kg 완전분해 시 생성되는 산소의 부피(m^3)
> - 이상기체방정식을 이용하여 산소의 부피를 구하기 위해 $PV = \dfrac{wRT}{M}$의 식을 사용한다.
> - 염소산칼륨과 산소는 2:3의 비율로 반응하므로 다음과 같은 식이 된다.
>
> [*표준상태: 0℃, 1기압]
>
> $V = \dfrac{wRT}{PM} = \dfrac{1kg \times 0.082 \times 273K}{1 \times 123kg/kmol} \times \dfrac{3}{2} = 0.27 m^3$
>
> - P: 압력(1atm)
> - w: 질량 → 1kg
> - M: 분자량 → 염소산칼륨($KClO_3$)의 분자량 = 123kg/kmol (K 원자량: 39, Cl 원자량: 35.5, O 원자량: 16)
> - R: 기체상수($0.082 m^3 \cdot atm/kmol \cdot K$)
> - T: 절대온도(K, 절대온도로 변환하기 위해 273을 더한다.) → 0 + 273 = 273K

정답 (1) $2KClO_3 \rightarrow 2KCl + 3O_2$ (2) $0.27 m^3$

16 *빈출*

제1종 분말 소화약제가 270℃에서 열분해 시 분해반응식을 쓰시오.

분말 소화약제의 종류

약제명	주성분	분해식	색상	적응화재
제1종	탄산수소나트륨	270℃: $2NaHCO_3 \rightarrow Na_2CO_3 + CO_2 + H_2O$ 850℃: $2NaHCO_3 \rightarrow Na_2O + 2CO_2 + H_2O$	백색	BC
제2종	탄산수소칼륨	$2KHCO_3 \rightarrow K_2CO_3 + CO_2 + H_2O$	보라색 (담회색)	BC
제3종	인산암모늄	1차: $NH_4H_2PO_4 \rightarrow NH_3 + H_3PO_4$ 2차: $NH_4H_2PO_4 \rightarrow NH_3 + HPO_3 + H_2O$	담홍색	ABC
제4종	탄산수소칼륨 + 요소	–	회색	BC

정답 $2NaHCO_3 \rightarrow Na_2CO_3 + CO_2 + H_2O$

17

아세트산과 과산화칼륨을 반응하여 생성되는 제6류 위험물에 대하여 다음 물음에 답하시오. (단, 해당 없으면 '해당 없음'이라고 쓰시오)

(1) 가열 시 분해반응식
(2) 운반용기 외부에 표시해야 할 사항
(3) 취급하는 제조소와 학교와의 안전거리(m)

- 과산화칼륨과 아세트산의 반응식: $K_2O_2 + 2CH_3COOH \rightarrow 2CH_3COOK + H_2O_2$
  과산화칼륨은 아세트산과 반응하여 초산칼륨과 과산화수소를 발생한다.
- 과산화수소의 분해반응식: $2H_2O_2 \rightarrow 2H_2O + O_2$
  과산화수소는 분해하여 물과 산소를 생성한다.
- 위험물 유별 운반용기 외부 주의사항과 게시판

유별	종류	운반용기 외부 주의사항	게시판
제1류	알칼리금속의 과산화물	가연물접촉주의, 화기·충격주의, 물기엄금	물기엄금
	그 외	가연물접촉주의, 화기·충격주의	-
제2류	철분, 금속분, 마그네슘	화기주의, 물기엄금	화기주의
	인화성 고체	화기엄금	화기엄금
	그 외	화기주의	화기주의
제3류	자연발화성 물질	화기엄금, 공기접촉엄금	화기엄금
	금수성 물질	물기엄금	물기엄금
제4류	-	화기엄금	화기엄금
제5류	-	화기엄금, 충격주의	화기엄금
제6류	-	가연물접촉주의	-

- 위험물제조소의 안전거리(위험물안전관리법 시행규칙 별표 4)

구분	거리
사용전압 7,000V 초과 35,000V 이하 특고압 가공전선	3m 이상
사용전압 35,000V 초과의 특고압 가공전선	5m 이상
주거용으로 사용	10m 이상
고압가스, 액화석유가스, 도시가스를 저장·취급하는 시설	20m 이상
학교, 병원, 영화상영관 등 수용인원 300명 이상 복지시설, 어린이집 수용인원 20명 이상	30m 이상
지정문화유산 및 천연기념물 등	50m 이상

- 제6류 위험물을 취급하는 제조소는 예외조항이 있어 안전거리를 두지 않아도 된다.

정답 (1) $2H_2O_2 \rightarrow 2H_2O + O_2$
(2) 가연물접촉주의
(3) 해당 없음

18

다음에서 설명하는 제3류 위험물에 대하여 다음 물음에 답하시오.

> - 비중이 0.534이다.
> - 불꽃 반응 시 붉은색을 나타낸다.
> - 은백색 광택이 있는 무른 경금속이다.

(1) 물과의 화학반응식
(2) 위험등급
(3) 위 위험물 1,000kg을 제조소에서 취급할 때 보유공지(m)

- 리튬(Li) – 제3류 위험물

화학식	Li
품명	제3류 위험물
위험등급	II
지정수량	50kg
일반적 성질	은백색 광택의 무른 금속 불꽃색은 빨간색
위험성	물과 반응하여 수소 발생
저장 및 소화방법	물과 반응하지 않도록 건조한 냉암소에 저장 주수소화 금지하고 탄산수소염류 분말 소화약제, 팽창질석, 마른모래 등으로 질식소화해야 함

- 리튬과 물의 반응식: $2Li + 2H_2O \rightarrow 2LiOH + H_2$
  리튬은 물과 반응하여 수산화리튬과 수소를 발생한다.
- 위험물제조소의 보유공지(위험물안전관리법 시행규칙 별표 4)

취급하는 위험물의 최대수량	공지의 너비
지정수량의 10배 이하	3m 이상
지정수량의 10배 초과	5m 이상

- $\dfrac{1,000kg}{50kg} = 20$배 → 지정수량의 10배 초과이므로 보유공지 5m 이상이다.

정답
(1) $2Li + 2H_2O \rightarrow 2LiOH + H_2$
(2) II
(3) 5m 이상

19

위험물의 소화방법에 대하여 다음 [보기]에서 옳은 것을 모두 골라 쓰시오.

─────[보기]─────
(1) 제1류 위험물은 알칼리금속의 과산화물을 제외하고 경우에 따라 주수소화가 가능하다.
(2) 제6류 위험물을 저장 또는 취급하는 장소로서 폭발의 위험이 없는 경우 이산화탄소 소화기는 적응성이 있다.
(3) 마그네슘은 화재 시 물분무소화는 적응성이 없어 이산화탄소소화가 가능하다.
(4) 건조사는 모든 위험물에 소화적응성이 있다.
(5) 에틸알코올은 물보다 비중이 높아 주수소화 시 화재면이 확대되어 주수소화가 불가능하다.

- 마그네슘은 화재 시 주로 질식소화(건조사, 마른모래, 탄산수소염류 분말 소화기 등)를 한다.
- 에틸알코올은 수용성 물질로 주수소화 시 희석소화가 가능하다.

정답 (1), (2), (4)

20

제5류 위험물 중에서 규조토에 흡수시키면 다이너마이트를 만들 수 있는 위험물이 있다. 이 위험물에 대하여 다음 물음에 답하여 쓰시오.

(1) 구조식
(2) 품명 및 지정수량
(3) 이산화탄소, 수증기, 질소, 산소가 발생하는 완전분해반응식

나이트로글리세린 – 제5류 위험물

위험물	품명	지정수량	분자식	비중	인화점	특징
나이트로글리세린	질산에스터류	10kg(제1종)	$C_3H_5(ONO_2)_3$	1.6	210℃	• 물에 녹지 않고 에테르, 알코올에 잘 녹음 • 규조토에 나이트로글리세린 흡수시켜 다이너마이트 생성 • 충격, 마찰에 매우 예민하고 겨울철에는 동결할 우려가 있음

- 나이트로글리세린의 분해반응식: $4C_3H_5(ONO_2)_3 \rightarrow 12CO_2 + 6N_2 + O_2 + 10H_2O$
- 나이트로글리세린은 분해하여 이산화탄소, 질소, 산소, 물을 생성한다.

정답
(1)
$$\begin{array}{c} \text{H} \quad\; \text{H} \quad\; \text{H} \\ |\quad\; |\quad\; | \\ \text{H}-\text{C}-\text{C}-\text{C}-\text{H} \\ |\quad\; |\quad\; | \\ \text{O}-\text{O}-\text{O} \\ |\quad\; |\quad\; | \\ \text{NO}_2 \; \text{NO}_2 \; \text{NO}_2 \end{array}$$

(2) 질산에스터류, 10kg(제1종)
(3) $4C_3H_5(ONO_2)_3 \rightarrow 12CO_2 + 6N_2 + O_2 + 10H_2O$

CHAPTER 09
2023 제1회 실기[필답형] 기출복원문제

01

다음 [보기] 중 지정수량이 400L인 제4류 위험물과 금수성 물질의 화학반응식을 쓰시오.

---[보기]---
에틸알코올, 칼륨, 질산에틸, 톨루엔, 과산화나트륨

- 에틸알코올(C_2H_5OH)은 제4류 위험물 중 알코올류로 지정수량 400L이다.
- 칼륨은 제3류 위험물 중 금수성 물질이다.
- 칼륨과 에틸알코올의 반응식: $2K + 2C_2H_5OH \rightarrow 2C_2H_5OK + H_2$
  칼륨은 에틸알코올과 반응하여 칼륨에틸레이트와 수소를 발생한다.

정답 $2K + 2C_2H_5OH \rightarrow 2C_2H_5OK + H_2$

02 ★빈출

표준상태에서 AlP 580g이 물과 결합 시 발생되는 기체의 부피(L)를 구하시오.

- 인화알루미늄과 물의 반응식: $AlP + 3H_2O \rightarrow Al(OH)_3 + PH_3$
- 인화알루미늄은 물과 반응하여 수산화알루미늄과 포스핀을 발생한다.
- 이상기체방정식을 이용하여 포스핀의 부피를 구하기 위해 $PV = \dfrac{wRT}{M}$의 식을 사용한다.

$$V = \dfrac{wRT}{PM} = \dfrac{580g \times 0.082 \times 273K}{1 \times 58g/mol} \times \dfrac{1}{1} = 223.86L$$

[*표준상태: 0℃, 1기압]
- P: 압력(1atm)
- w: 질량 → 580g
- M: 분자량 → 인화알루미늄(AlP)의 분자량 = 27 + 31 = 58g/mol (Al 원자량: 27, P 원자량: 31)
- V: 부피(L)
- R: 기체상수(0.082L · atm/mol · K)
- T: 절대온도(K, 절대온도로 변환하기 위해 273을 더한다.) → 0 + 273 = 273K

정답 223.86L

03

다음은 위험물안전관리법령에서 정한 소화설비의 소요단위에 관한 내용이다. 다음 내용을 보고 물음에 답하시오.

옥내저장소
- 내화구조
- 연면적 150m²
- 에틸알코올 1,000L, 등유 1,500L, 동식물유류 20,000L, 특수인화물 500L

---

(1) 옥내저장소의 소요단위
(2) 위 위험물을 저장할 경우 소요단위(정수로 표시하시오)

소화설비 설치기준(위험물안전관리법 시행규칙 별표 17)

- 소요단위(연면적)

구분	외벽 내화구조	외벽 비내화구조
위험물제조소 취급소	100m²	50m²
위험물저장소	150m²	75m²

- 외벽이 내화구조인 위험물저장소의 1소요단위는 150m²이므로 연면적 150m²의 소요단위는 다음과 같다.

$$\frac{150m^2}{150m^2} = 1소요단위$$

- 위험물은 지정수량의 10배를 1소요단위로 한다.

위험물	에틸알코올	등유	동식물유류	특수인화물
지정수량	400L	1,000L	10,000L	50L
소요단위(지정수량×10)	400 × 10 = 4,000	1,000 × 10 = 10,000	10,000 × 10 = 100,000	50 × 10 = 500

$$\frac{1,000}{4,000} + \frac{1,500}{10,000} + \frac{20,000}{100,000} + \frac{500}{500} = 1.6소요단위$$ (*소요단위가 소수로 나올 경우 올림하여 정수로 표기)

정답 (1) 1소요단위
(2) 2소요단위

04

제조소등에 설치하는 배출설비에 대하여 다음 물음에 답하시오.

(1) 배출장소의 용적이 300m³일 경우 국소방출방식의 배출설비 1시간당 배출능력을 구하시오.
(2) 바닥면적이 100m²인 경우 전역방출방식의 배출설비 1m³당 배출능력을 구하시오.

> 제조소의 위치, 구조 및 설비의 기준에 의한 배출설비의 능력(위험물안전관리법 시행규칙 별표 4)
> 배출능력은 1시간당 배출장소 용적의 20배 이상인 것으로 하여야 한다. 다만, 전역방식의 경우에는 바닥면적 1m²당 18m³ 이상으로 할 수 있다.
> (1) 300m³ × 20/h = 6,000m³/h
> (2) 100m² × 18m³/m² · h = 1,800m³/h

정답 (1) 6,000m³ (2) 1,800m³

05 빈출

제5류 위험물 중 트라이나이트로톨루엔에 대한 다음 물음에 답하시오.

(1) 제조방법
(2) 구조식

트라이나이트로톨루엔 - 제5류 위험물	
구분	트라이나이트로톨루엔(TNT)
품명	나이트로화합물
분자식	$C_6H_2(NO_2)_3CH_3$
구조식	(구조식 이미지)
특징	톨루엔의 메틸 그룹(CH_3)에 세 개의 나이트로(NO_2) 그룹이 치환된 구조
제조방법	톨루엔에 진한 질산과 진한 황산으로 나이트로화하여 제조

정답 (1) 톨루엔에 진한 질산과 진한 황산으로 나이트로화하여 제조 (2) 구조식

06

다음 위험물의 연소반응식을 쓰시오.

(1) 메틸에틸케톤
(2) 메틸알코올
(3) 아세트산

(1) 메틸에틸케톤의 연소반응식
- $2CH_3COC_2H_5 + 11O_2 \rightarrow 8CO_2 + 8H_2O$
- 메틸에틸케톤은 연소하여 이산화탄소와 물을 생성한다.

(2) 메틸알코올의 연소반응식
- $2CH_3OH + 3O_2 \rightarrow 2CO_2 + 4H_2O$
- 메틸알코올은 연소하여 이산화탄소와 물을 생성한다.

(3) 아세트산의 연소반응시
- $CH_3COOH + 2O_2 \rightarrow 2CO_2 + 2H_2O$
- 아세트산은 연소하여 이산화탄소와 물을 생성한다.

정답
(1) $2CH_3COC_2H_5 + 11O_2 \rightarrow 8CO_2 + 8H_2O$
(2) $2CH_3OH + 3O_2 \rightarrow 2CO_2 + 4H_2O$
(3) $CH_3COOH + 2O_2 \rightarrow 2CO_2 + 2H_2O$

07

적린은 공기 중에서 연소할 수 있는 가연성 고체이다. 다음 물음에 답하시오.

(1) 연소반응식
(2) 생성되는 기체의 명칭
(3) 생성되는 기체의 색깔

적린 - 제2류 위험물
- 적린의 연소반응식: $4P + 5O_2 \rightarrow 2P_2O_5$
  적린은 연소하여 오산화인을 생성한다.
- 오산화인은 고체 상태로 연소 후 공기 중에 분산되며, 수분과 반응하면서 흰색의 미세한 입자 형태의 인산으로 변화하여 하얀(백색) 연기를 띠게 된다.

정답
(1) $4P + 5O_2 \rightarrow 2P_2O_5$
(2) 오산화인
(3) 백색

08 ⭐빈출

다음 위험물의 저장온도를 쓰시오.

(1) 옥외저장탱크 중 압력탱크 외의 탱크에 산화프로필렌을 저장하는 경우
(2) 옥내저장탱크 중 압력탱크 외의 탱크에 아세트알데하이드를 저장하는 경우
(3) 지하저장탱크 중 압력탱크 외의 탱크에 다이에틸에터를 저장하는 경우
(4) 옥외저장탱크 중 압력탱크에 산화프로필렌을 저장하는 경우

아세트알데하이드등의 저장기준(위험물안전관리법 시행규칙 별표 18)

위험물 종류		옥외저장탱크, 옥내저장탱크, 지하저장탱크		이동저장탱크	
		압력탱크 외	압력탱크	보냉장치 ×	보냉장치 ○
아세트알데하이드등	아세트알데하이드	15℃ 이하	40℃ 이하		비점 이하
	산화프로필렌	30℃ 이하			
다이에틸에터등		30℃ 이하			

정답 (1) 30℃ 이하 (2) 15℃ 이하 (3) 30℃ 이하 (4) 40℃ 이하

09 ⭐빈출

구리로 된 용기에 저장한 탄화칼슘이 수분과 접촉하였을 때 다음 물음에 답하시오.

(1) 탄화칼슘과 수분의 화학반응식
(2) (1)에서 발생한 기체와 구리의 화학반응식
(3) 물과 반응한 탄화칼슘을 구리용기에 저장하면 안 되는 이유

- 탄화칼슘과 물의 반응식: $CaC_2 + 2H_2O \rightarrow Ca(OH)_2 + C_2H_2$
  탄화칼슘은 물과 반응하여 수산화칼슘과 아세틸렌을 발생한다.
- 아세틸렌과 구리의 반응식: $C_2H_2 + 2Cu \rightarrow Cu_2C_2 + H_2$
  아세틸렌은 구리와 반응하여 아세틸렌화구리와 수소를 생성한다. 이때, 아세틸렌화구리는 폭발성 화합물이다.

정답 (1) $CaC_2 + 2H_2O \rightarrow Ca(OH)_2 + C_2H_2$
(2) $C_2H_2 + 2Cu \rightarrow Cu_2C_2 + H_2$
(3) 아세틸렌은 구리와 반응하여 아세틸렌화구리를 발생하며 폭발하기 때문에 구리용기에 저장하면 안 된다.

10 빈출

옥외저장탱크를 벽 및 바닥의 두께가 0.2m 이상이고 누수가 되지 아니하는 철근콘크리트의 수조에 넣어 보관해야 하는 제4류 위험물에 대하여 다음 물음에 답하시오.

(1) 품명
(2) 연소반응식
(3) 다음 위험물 중 혼재 가능한 위험물 (단, 해당 없으면 '해당 없음'이라고 쓰시오)

| 과염소산, 과산화나트륨, 과망가니즈산칼륨, 삼불화브로민 |

(1) 품명
- 이황화탄소(CS_2)는 제4류 위험물 중 특수인화물로 분류되고, 지정수량은 50L이며, 위험등급은 I이다.
- 옥외탱크저장소의 위치, 구조 및 설비의 기준(위험물안전관리법 시행규칙 별표 6)
 이황화탄소의 옥외저장탱크는 벽 및 바닥의 두께가 0.2m 이상이고 누수가 되지 아니하는 철근콘크리트의 수조에 넣어 보관하여야 한다. 이 경우 보유공지·통기관 및 자동계량장치는 생략할 수 있다.

(2) 이황화탄소의 연소반응식
- $CS_2 + 3O_2 \rightarrow CO_2 + 2SO_2$
- 이황화탄소는 연소하여 이산화탄소와 이산화황을 생성한다.

(3) 혼재 가능한 위험물
- 유별을 달리하는 위험물 혼재기준(지정수량 1/10배 초과)(위험물안전관리법 시행규칙 별표 19)

1	6		혼재 가능
2	5	4	혼재 가능
3	4		혼재 가능

- 위험물의 품명

위험물	품명
과염소산	제6류 위험물
과산화나트륨	제1류 위험물
과망가니즈산칼륨	제1류 위험물
삼불화브로민	제6류 위험물

정답
(1) 특수인화물
(2) $CS_2 + 3O_2 \rightarrow CO_2 + 2SO_2$
(3) 해당 없음

11

섭씨 25도, 1기압에서 리튬 2mol이 물과 반응하였을 때 다음 물음에 답하시오.

(1) 화학반응식
(2) 발생하는 가연성 기체의 부피(L)

(1) 리튬과 물의 반응식
- $2Li + 2H_2O \rightarrow 2LiOH + H_2$
- 리튬은 물과 반응하여 수산화리튬과 수소를 발생한다.

(2) 수소의 부피
- 이상기체방정식을 이용하여 수소의 부피를 구하기 위해 $PV = nRT$의 식을 사용한다.
- (1)의 반응식에서 리튬과 수소는 2:1의 비율로 반응하므로 다음과 같은 식이 된다.

$$V = \frac{nRT}{P} = \frac{2mol \times 0.082 \times 298K}{1} \times \frac{1}{2} = 24.44L$$

[*표준상태: 0℃, 1기압]
- P: 압력(1atm)
- V: 부피(L)
- n: 몰수(mol)
- R: 기체상수(0.082L · atm/mol · K)
- T: 절대온도(K, 절대온도로 변환하기 위해 273을 더한다.) → 25 + 273 = 298K

정답
(1) $2Li + 2H_2O \rightarrow 2LiOH + H_2$
(2) 24.44L

12

과산화수소에 대하여 다음 물음에 답하시오.

(1) 분해반응식
(2) 농도가 높을수록 위험하기 때문에 폭발 방지하기 위해 사용하는 안정제의 명칭 한 가지
(3) 옥외저장소 저장 가능 여부

과산화수소 – 제6류 위험물
- 과산화수소의 분해반응식: $2H_2O_2 \rightarrow 2H_2O + O_2$
  과산화수소는 분해하여 물과 산소를 생성한다.
- 과산화수소의 특징

일반적 성질	• 물, 알코올, 에테르에 잘 녹고 석유, 벤젠에 녹지 않음 • 표백제 또는 살균제로 이용
위험성	• 열, 햇빛에 의해 분해 촉진 • 60wt% 이상에서 단독으로 분해폭발
저장 및 소화방법	• 뚜껑에 작은 구멍을 뚫은 갈색 용기에 보관 • 햇빛에 의해 분해가 촉진되므로 햇빛 차단하거나 갈색병에 보관 • 인산과 요산은 분해 방지 안정제 역할을 함

옥외저장소에 저장할 수 있는 위험물 유별
- 제2류 위험물 중 황, 인화성 고체(인화점이 0도 이상인 것에 한함)
- 제4류 위험물 중 제1석유류(인화점이 0도 이상인 것에 한함), 알코올류, 제2석유류, 제3석유류, 제4석유류, 동식물유류
- 제6류 위험물

정답 (1) $2H_2O_2 \rightarrow 2H_2O + O_2$
(2) 인산 또는 요산
(3) 저장 가능

13

주유취급소에 설치하는 탱크의 용량의 관한 내용이다. 다음 빈칸을 보고 알맞은 말을 쓰시오.

- 고속도로의 도로변에 설치하지 않은 고정급유설비에 직접 접속하는 전용탱크로서 (①)리터 이하인 것
- 고속도로의 도로변에 설치된 주유취급소에 있어서는 탱크의 용량을 (②)리터까지 할 수 있다.

주유취급소의 설비의 기준(위험물안전관리법 시행규칙 별표 13)
- 탱크의 기준: 자동차 등에 주유하기 위한 고정주유설비에 직접 접속하는 전용탱크로서 50,000L 이하의 것
- 고속국도주유취급소의 특례: 고속국도의 도로변에 설치된 주유취급소에 있어서는 규정에 의한 탱크의 용량을 60,000L까지 할 수 있다.

정답 ① 50,000 ② 60,000

14

다음은 제4류 위험물 중 알코올류에 관한 설명이다. 다음 중 틀린 것을 고르고 바르게 고쳐 쓰시오.

> (1) 1분자를 구성하는 탄소원자의 수가 1개부터 3개까지인 포화1가 알코올(변성알코올을 포함한다)을 말한다.
> (2) 가연성 액체량이 60vol% 미만이고 인화점 및 연소점이 에틸알코올 60wt% 수용액의 인화점 및 연소점을 초과하는 것은 제외한다.
> (3) 지정수량 400L이다.
> (4) 위험등급은 Ⅱ이다.
> (5) 옥내저장소에 저장 시 바닥면적은 1,000㎡ 이하이다.

위험물 및 지정수량(위험물안전관리법 시행령 별표 1)
알코올류라 함은 가연성 액체량이 60중량퍼센트 미만이고 인화점 및 연소점(태그개방식인화점측정기에 의한 연소점을 말한다. 이하 같다)이 에틸알코올 60중량퍼센트 수용액의 인화점 및 연소점을 초과하는 것이다.

정답 (2) vol% → wt%(중량퍼센트)

15 빈출

(1) 아이오딘값의 정의와 위험물안전관리법령상 (2) 동식물유류를 아이오딘값에 따라 분류하고 해당 범위를 쓰시오.

- 아이오딘값이란 유지 100g을 굳게 만드는데 필요한 아이오딘의 g수이다.
- 아이오딘값에 따른 동식물유류의 구분

구분	아이오딘값	종류
건성유	130 이상	대구유, 정어리유, 상어유, 해바라기유, 동유, 아마인유, 들기름
반건성유	100 초과 130 미만	면실유, 청어유, 쌀겨유, 옥수수유, 채종유, 참기름, 콩기름
불건성유	100 이하	소기름, 돼지기름, 고래기름, 올리브유, 팜유, 땅콩기름, 피마자유, 야자유

정답 (1) 유지 100g을 굳게 만드는데 필요한 아이오딘의 g수
(2) 건성유: 130 이상
반건성유: 100 초과 130 미만
불건성유: 100 이하

16

다음 표를 보고 황화인에 대하여 화학식과 연소 생성물을 쓰시오.

명칭	화학식	연소생성물
삼황화인	①	④
오황화인	②	⑤
칠황화인	③	

(1) ① ~ ⑤에 들어갈 알맞은 화학식을 쓰시오.
(2) 1mol 연소할 때 7.5mol의 산소가 필요한 황화인을 골라 연소반응식을 쓰시오.
(3) 황화인을 운반할 때 운반용기 외부에 표시해야 하는 주의사항을 쓰시오.

- 황화인의 화학식

명칭	화학식
삼황화인	P_4S_3
오황화인	P_2S_5
칠황화인	P_4S_7

- 삼황화인의 연소반응식: $P_4S_3 + 8O_2 \rightarrow 2P_2O_5 + 3SO_2$
  삼황화인은 연소하여 오산화인과 이산화황을 생성한다.
- 오황화인의 연소반응식: $2P_2S_5 + 15O_2 \rightarrow 2P_2O_5 + 10SO_2$ (= $P_2S_5 + 7.5O_2 \rightarrow P_2O_5 + 5SO_2$)
  1mol의 오황화인은 7.5mol의 산소와 만나 연소하여 오산화인과 이산화황을 생성한다.
- 칠황화인의 연소반응식: $P_4S_7 + 12O_2 \rightarrow 2P_2O_5 + 7SO_2$
  칠황화인은 연소하여 오산화인과 이산화황을 생성한다.
- 황화인은 제2류 위험물 중 철분, 금속분, 마그네슘, 인화성 고체를 제외한 그 외 위험물에 속하므로 운반용기 외부에 화기주의를 표시한다.

정답 (1) ① P_4S_3, ② P_2S_5, ③ P_4S_7, ④ P_2O_5, ⑤ SO_2
(2) $2P_2S_5 + 15O_2 \rightarrow 2P_2O_5 + 10SO_2$
(3) 화기주의

17

다음은 옥외저장소에서 위험물을 수납한 용기를 저장하는 경우이다. 최대 저장 높이에 대하여 다음 물음에 답하시오.

(1) 선반에 저장하는 경우
(2) 기계에 의해 하역하는 구조로 된 용기의 경우
(3) 중유를 저장하는 경우

옥외저장소의 위치, 구조 및 설비의 기준(위험물안전관리법 시행규칙 별표 11)
• 선반의 높이는 6m를 초과하지 아니할 것
• 기계에 의하여 하역하는 구조로 된 용기만을 겹쳐 쌓는 경우에 있어서는 6m
• 제4류 위험물 중 제3석유류(예 중유), 제4석유류 및 동식물유류를 수납하는 용기만을 겹쳐 쌓는 경우에 있어서는 4m
• 그 밖의 경우에 있어서는 3m

정답 (1) 6m (2) 6m (3) 4m

18

다음은 제조소의 특례에 관한 기준이다. 다음 빈칸에 알맞은 말을 쓰시오.

- (①)등을 취급하는 제조소의 특례는 다음 각 목과 같다.
  - (①)등을 취급하는 설비의 주위에는 누설범위를 국한하기 위한 설비와 누설된 (①)등을 안전한 장소에 설치된 저장실에 유입시킬 수 있는 설비를 갖출 것
  - (①)등을 취급하는 설비에는 불활성 기체를 봉입하는 장치를 갖출 것
- (②)등을 취급하는 제조소의 특례는 다음 각 목과 같다.
  - (②)등을 취급하는 설비는 은·수은·동·마그네슘 또는 이들을 성분으로 하는 합금으로 만들지 아니할 것
  - (②)등을 취급하는 설비에는 연소성 혼합기체의 생성에 의한 폭발을 방지하기 위한 불활성기체 또는 수증기를 봉입하는 장치를 갖출 것
  - (②)등을 취급하는 탱크(옥외에 있는 탱크 또는 옥내에 있는 탱크로서 그 용량이 지정수량의 5분의 1 미만의 것을 제외한다)에는 냉각장치 또는 저온을 유지하기 위한 장치(이하 "보냉장치"라 한다) 및 연소성 혼합기체의 생성에 의한 폭발을 방지하기 위한 불활성 기체를 봉입하는 장치를 갖출 것. 다만, 지하에 있는 탱크가 (②)등의 온도를 저온으로 유지할 수 있는 구조인 경우에는 냉각장치 및 보냉장치를 갖추지 아니할 수 있다.
- (③)등을 취급하는 제조소의 특례는 다음 각 목과 같다.
  - 지정수량 이상의 (③)등을 취급하는 제조소의 위치는 규정에 따른 건축물의 벽 또는 이에 상당하는 공작물의 외측으로부터 해당 제조소의 외벽 또는 이에 상당하는 공작물의 외측까지의 사이에 다음 식에 의하여 요구되는 거리 이상의 안전거리를 둘 것

    D: $51.1\sqrt[3]{N}$

    D: 거리(m)

    N: 해당 제조소에서 취급하는 하이드록실아민등의 지정수량의 배수

제조소의 위치, 구조 및 설비의 기준(위험물안전관리법 시행규칙 별표 4)

- 알킬알루미늄등을 취급하는 제조소의 특례는 다음 각 목과 같다.
  - 가. 알킬알루미늄등을 취급하는 설비의 주위에는 누설범위를 국한하기 위한 설비와 누설된 알킬알루미늄등을 안전한 장소에 설치된 저장실에 유입시킬 수 있는 설비를 갖출 것
  - 나. 알킬알루미늄등을 취급하는 설비에는 불활성 기체를 봉입하는 장치를 갖출 것
- 아세트알데하이드등을 취급하는 제조소의 특례는 다음 각 목과 같다.
  - 가. 아세트알데하이드등을 취급하는 설비는 은·수은·동·마그네슘 또는 이들을 성분으로 하는 합금으로 만들지 아니할 것
  - 나. 아세트알데하이드등을 취급하는 설비에는 연소성 혼합기체의 생성에 의한 폭발을 방지하기 위한 불활성기체 또는 수증기를 봉입하는 장치를 갖출 것
  - 다. 아세트알데하이드등을 취급하는 탱크(옥외에 있는 탱크 또는 옥내에 있는 탱크로서 그 용량이 지정수량의 5분의 1 미만의 것을 제외한다)에는 냉각장치 또는 저온을 유지하기 위한 장치(이하 "보냉장치"라 한다) 및 연소성 혼합기체의 생성에 의한 폭발을 방지하기 위한 불활성 기체를 봉입하는 장치를 갖출 것. 다만, 지하에 있는 탱크가 아세트알데하이드등의 온도를 저온으로 유지할 수 있는 구조인 경우에는 냉각장치 및 보냉장치를 갖추지 아니할 수 있다.
- 하이드록실아민등을 취급하는 제조소의 특례는 다음 각 목과 같다.
  - 가. 지정수량 이상의 하이드록실아민등을 취급하는 제조소의 위치는 규정에 따른 건축물의 벽 또는 이에 상당하는 공작물의 외측으로부터 해당 제조소의 외벽 또는 이에 상당하는 공작물의 외측까지의 사이에 다음 식에 의하여 요구되는 거리 이상의 안전거리를 둘 것
    $D: 51.1\sqrt[3]{N}$
    D: 거리(m)
    N: 해당 제조소에서 취급하는 하이드록실아민등의 지정수량의 배수

정답 ① 알킬알루미늄 ② 아세트알데하이드 ③ 하이드록실아민

19

소화약제에 대하여 다음 물음에 알맞게 답하여 쓰시오.

(1) 제2종 분말 소화약제의 화학식
(2) 제3종 분말 소화약제의 화학식
(3) IG-55의 구성성분과 용량비
(4) IG-541의 구성성분과 용량비
(5) IG-100의 구성성분과 용량비

• 분말 소화약제의 종류

약제명	주성분	분해식	색상	적응화재
제1종	탄산수소나트륨	$2NaHCO_3 \rightarrow Na_2CO_3 + CO_2 + H_2O$	백색	BC
제2종	탄산수소칼륨	$2KHCO_3 \rightarrow K_2CO_3 + CO_2 + H_2O$	보라색 (담회색)	BC
제3종	인산암모늄	1차: $NH_4H_2PO_4 \rightarrow NH_3 + H_3PO_4$ 2차: $NH_4H_2PO_4 \rightarrow NH_3 + HPO_3 + H_2O$	담홍색	ABC
제4종	탄산수소칼륨 + 요소	-	회색	BC

- IG-55: 질소와 아르곤을 각각 50%씩 혼합하여 구성된 가스 혼합물이다. 질소와 아르곤은 모두 불활성 가스로, 공기 중의 산소 농도를 효과적으로 감소시켜 화재를 질식시키는 방식으로 작용한다.
- IG-541: 질소 52%, 아르곤 40%, 이산화탄소 8%로 구성된 또 다른 형태의 불활성 가스 혼합물이다. 질소와 아르곤은 화재를 질식시키는 데 주로 기여하며, 이산화탄소는 화염의 열을 신속하게 흡수하여 화재 진압 속도를 가속화한다.
- IG-100: 질소 100%로 구성되어 있으며 화재 시 산소를 대체하여 연소를 억제한다.

정답
(1) $KHCO_3$
(2) $NH_4H_2PO_4$
(3) $N_2 : Ar = 50 : 50$
(4) $N_2 : Ar : CO_2 = 52 : 40 : 8$
(5) 질소(N_2) 100%

20

다음에서 설명하는 위험물에 대하여 각 물음에 답하시오.

- 제1류 위험물
- 분자량 158
- 흑자색 결정
- 물, 알코올, 아세톤에 녹는다.

(1) 지정수량
(2) 묽은 황산과 반응 시 생성되는 기체의 명칭
(3) 위험등급

과망가니즈산칼륨 - 제1류 위험물

유별	1류 위험물
품명	과망가니즈산염류
위험등급	III
분자식	$KMnO_4$
분자량	158g/mol
비중	2.7
지정수량	1,000kg
일반적 성질	진한 보라색 결정, 물, 아세톤, 알코올에 잘 녹음
위험성	황산과 격렬하게 반응함, 유기물과 혼합 시 위험성이 증가함

- 과망가니즈산칼륨과 황산의 반응식: $4KMnO_4 + 6H_2SO_4 \rightarrow 2K_2SO_4 + 6H_2O + 5O_2 + 4MnSO_4$
- 과망가니즈산칼륨은 황산과 반응하여 황산칼륨, 물, 산소, 황산망가니즘을 생성한다.

정답 (1) 1,000kg
(2) 산소
(3) III

CHAPTER 10
2022 제4회 실기[필답형] 기출복원문제

01 빈출

분자량이 34이며 표백작용과 살균작용이 있다. 농도 기준에 따라 위험물이 되는 운반용기 외부에 표시하여야 하는 주의사항이 가연물접촉주의인 이 위험물에 대하여 다음 물음에 답하시오.

(1) 명칭
(2) 화학식
(3) 열분해 시 생성되는 물질
(4) 주의사항 게시판(단, 해당 없으면 '해당 없음'이라고 쓰시오)

- 과산화수소(H_2O_2)의 분자량: $(1 \times 2) + (16 \times 2) = 34\,g/mol$
- 과산화수소는 강력한 산화제로서 표백 및 살균 작용이 있으며, 일상생활에서 다양하게 사용된다.
- 과산화수소의 열분해반응식: $2H_2O_2 \rightarrow 2H_2O + O_2$
  과산화수소는 열분해하여 물과 산소를 생성한다.
- 위험물 유별 운반용기 외부 주의사항과 게시판

유별	종류	운반용기 외부 주의사항	게시판
제1류	알칼리금속과산화물	가연물접촉주의, 화기·충격주의, 물기엄금	물기엄금
	그 외	가연물접촉주의, 화기·충격주의	-
제2류	철분, 금속분, 마그네슘	화기주의, 물기엄금	화기주의
	인화성 고체	화기엄금	화기엄금
	그 외	화기주의	화기주의
제3류	자연발화성 물질	화기엄금, 공기접촉엄금	화기엄금
	금수성 물질	물기엄금	물기엄금
제4류	-	화기엄금	화기엄금
제5류	-	화기엄금, 충격주의	화기엄금
제6류	-	가연물접촉주의	-

- 제6류 위험물의 종류: 질산, 과산화수소, 과염소산, 할로젠간화합물

(1) 과산화수소
(2) H_2O_2
(3) 물(H_2O), 산소(O_2)
(4) 해당없음

02

다음 [보기] 중 운반 시 방수성 및 차광성 덮개로 모두 덮어야 하는 위험물 품명을 모두 고르시오.

[보기]
유기과산화물, 질산, 알칼리금속과산화물, 염소산염류

위험물별 피복 유형(위험물안전관리법 시행규칙 별표 19)

유별	종류	피복
제1류	알칼리금속과산화물	방수성 및 차광성
	그 외	차광성
제2류	철분, 금속분, 마그네슘	방수성
제3류	자연발화성 물질	차광성
	금수성 물질	방수성
제4류	특수인화물	차광성
제5류	-	차광성
제6류	-	차광성

정답 알칼리금속과산화물

03

다음 설명 중 제4류 위험물 중 제2석유류에 대한 설명으로 옳은 것을 모두 골라 쓰시오.

① 등유와 경유는 대표적인 제2석유류이다.
② 대부분이 수용성 물질이다.
③ 비중이 1보다 크다.
④ 산화제이다.
⑤ 도료류 그 밖의 물품에 있어서는 가연성 액체량이 40wt% 이하이면서 인화점이 40℃ 이상인 동시에 연소점이 60℃ 이상인 것은 제외한다.

- 제4류 위험물 중 제2석유류는 인화성 물질로 대부분 비수용성이다.
- 등유와 경유의 비중은 각각 0.79, 0.83으로 비중이 1보다 작다.
- 제4류 위험물은 인화성 액체이다.
- 제2석유류(위험물안전관리법 시행령 별표 1)
 "제2석유류"라 함은 등유, 경유 그 밖에 1기압에서 인화점이 섭씨 21도 이상 70도 미만인 것을 말한다. 다만, 도료류 그 밖의 물품에 있어서 가연성 액체량이 40중량퍼센트 이하이면서 인화점이 섭씨 40도 이상인 동시에 연소점이 섭씨 60도 이상인 것은 제외한다.

정답 ①, ⑤

04

다음은 위험물안전관리법령에서 정한 소화설비의 소요단위에 관한 내용이다. 다음을 보고 물음에 답하시오.

- 옥내탱크저장소
- 내화구조
- 연면적 1,500m²
- 다이에틸에터 2,000L

(1) 옥내탱크저장소의 소요단위
(2) 위험물의 소요단위

- 소요단위(연면적)(위험물안전관리법 시행규칙 별표 17)

구분	외벽 내화구조	외벽 비내화구조
위험물제조소 · 취급소	100m²	50m²
위험물저장소	150m²	75m²

- 옥내저장소가 내화구조이고 연면적이 1,500m²일 때 소요단위를 계산하면 $\frac{1,500}{150}$ = 10소요단위이다.
- 위험물안전관리법령상 위험물은 지정수량의 10배를 1소요단위로 한다.
- 다이에틸에터의 지정수량은 50L이다.
- 따라서 다이에틸에터 2,000L의 소요단위는 $\frac{2,000}{50 \times 10}$ = 4단위이다.

정답 (1) 10소요단위 (2) 4소요단위

05 [빈출]

분자량이 227이고 폭약의 원료이며, 햇빛에 다갈색으로 변하고, 물에 녹지 않고 벤젠과 아세톤에는 녹는 물질에 대하여 다음 물음에 답하시오.

(1) 화학식
(2) 지정수량
(3) 사용원료 중심으로 제조방법

\multicolumn{2}{l}{트라이나이트로톨루엔($C_6H_2(NO_2)_3CH_3$) - 제5류 위험물}
품명	나이트로화합물
지정수량	제1종: 10kg
비중	1.66
인화점	300℃
형태	담황색 결정
용해도	물에 녹지 않고 알코올에는 가열하면 녹으며, 아세톤, 에테르, 벤젠에 잘 녹음
제조 방법	톨루엔에 진한 질산과 진한 황산으로 나이트로화하여 제조
저장	장기간 저장 가능
위험성	폭약의 원료로 사용
운반 방법	운반 시 10%의 물을 넣어 운반

정답 (1) $C_6H_2(NO_2)_3CH_3$
(2) 10kg(제1종)
(3) 톨루엔에 진한 질산과 진한 황산으로 나이트로화하여 제조한다.

06

금속 니켈의 촉매 하에서 300℃로 가열 시 수소첨가 반응이 일어나서 사이클로헥산이 생성되고, 분자량이 78인 물질에 대하여 다음 물음에 답하시오.

(1) 명칭을 쓰시오.
(2) 구조식을 쓰시오.
(3) 위험물안전카드의 휴대여부를 쓰시오.
(4) 장거리 운송 시 운전자를 2명 이상으로 해야 하는지 쓰시오. (단, 보기의 조건으로 알 수 없으면 '해당 없음'이라고 쓰시오)

---

(1) 벤젠의 특징
- 벤젠과 수소의 반응식: $C_6H_6 + H_2 \rightarrow C_6H_{12}$
- 벤젠에서 사이클로헥산으로의 변환은 니켈 촉매를 사용한 수소첨가 반응을 통해 일어난다.
- 이 과정은 화학적으로 특정한 조건 하에서 벤젠의 불포화 방향족 구조에 수소를 추가하여 포화된 사이클로알케인 구조로 만드는 것이다.

(2) 벤젠의 구조식

(3) 운송책임자의 감독 또는 지원의 방법과 위험물의 운송 시 준수 사항(위험물안전관리법 시행규칙 별표 21)
위험물(제4류 위험물에 있어서는 특수인화물 및 제1석유류에 한한다)을 운송하게 하는 자는 위험물안전카드를 위험물운송자로 하여금 휴대하게 할 것

(4) 이동탱크저장소에 의한 위험물 운송 시 준수기준(위험물안전관리법 시행규칙 별표 21)
- 위험물운송자는 장거리(고속국도에 있어서는 340㎞ 이상, 그 밖의 도로에 있어서는 200㎞ 이상을 말한다)에 걸치는 운송을 하는 때에는 2명 이상의 운전자로 할 것. 다만, 다음의 1에 해당하는 경우에는 그러하지 아니하다.
  - 운송책임자를 동승시킨 경우
  - 운송하는 위험물이 제2류 위험물·제3류 위험물(칼슘 또는 알루미늄의 탄화물과 이것만을 함유한 것에 한한다)또는 제4류 위험물(특수인화물을 제외한다)인 경우
  - 운송도중에 2시간 이내마다 20분 이상씩 휴식하는 경우
- 벤젠은 제4류 위험물 중에서도 제1석유류에 해당한다. 일반적으로 이 범주의 위험물은 특수 인화물을 제외하고는 장거리 운송을 할 때 운전자가 2명 이상 필요하지 않다. 따라서 벤젠을 운송할 때는 운전자가 2명 이상 필요하지 않다.

정답 (1) 벤젠　(2)
(3) 휴대하여야 한다.
(4) 2명 이상으로 하지 않아도 된다.

07 [빈출]

공간용적이 5/100인 다음 탱크의 용량(L)은 얼마인지 구하시오.

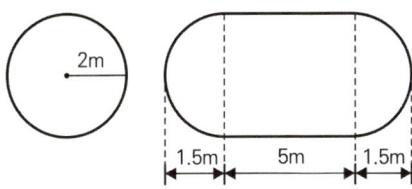

(1) 계산과정
(2) 답

- 탱크용량 = 탱크내용적 − 공간용적 = (탱크의 내용적) × (1 − 공간용적비율)
- $V = \pi r^2 (l + \frac{l_1 + l_2}{3})(1 - 공간용적)$
- 원의 면적 × (가운데 체적길이 + $\frac{양끝\ 체적길이\ 합}{3}$) × (1 − 공간용적)
- $\pi \times 2^2 \times (5 + \frac{1.5 + 1.5}{3}) \times (1 - 0.05) = 71.62831 m^3 = 71,628.31 L$

정답 (1) [해설참조]
(2) 71,628.31L

08

제조소와의 안전거리 기준에 따라 다음 물음에 답하시오.

(1) 제조소 외벽과 가연성 가스시설의 안전거리
(2) 제조소 외벽과 동일부지 외의 주거용 주택과의 안전거리
(3) 제조소 외벽과 특고압가공전선(50,000V)과의 안전거리

위험물제조소의 안전거리(위험물안전관리법 시행규칙 별표 4)	
구분	거리
사용전압 7,000V 초과 35,000V 이하 특고압 가공전선	3m 이상
사용전압 35,000V 초과의 특고압 가공전선	5m 이상
주거용으로 사용	10m 이상
고압가스, 액화석유가스, 도시가스를 저장 취급하는 시설	20m 이상
학교, 병원, 영화상영관 등 수용인원 300명 이상 복지시설, 어린이집 수용인원 20명 이상	30m 이상
지정문화유산 및 천연기념물 등	50m 이상

정답 (1) 20m 이상 (2) 10m 이상 (3) 5m 이상

09

다음 물질의 시성식을 쓰시오.

(1) 아세톤
(2) 피크린산
(3) 아닐린
(4) 포름산
(5) 사이안화수소

위험물	품명	시성식
아세톤	제4류 위험물	CH_3COCH_3
피크린산	제5류 위험물	$C_6H_2(NO_2)_3OH$
아닐린	제4류 위험물	$C_6H_5NH_2$
포름산	제4류 위험물	$HCOOH$
사이안화수소	제4류 위험물	HCN

정답
(1) CH_3COCH_3
(2) $C_6H_2(NO_2)_3OH$
(3) $C_6H_5NH_2$
(4) $HCOOH$
(5) HCN

10

다음은 위험물의 성질에 따른 제조소의 특례이다. 빈칸에 알맞은 말을 쓰시오.

(1) (①)을 취급하는 설비에는 불활성기체를 봉입하는 장치를 갖출 것
(2) (②)을 취급하는 설비는 은, 수은, 동, 마그네슘 또는 이들을 성분으로 하는 합금으로 만들지 아니할 것
(3) (③)을 취급하는 설비에는 철 이온 등의 혼입에 의한 위험한 반응을 방지하기 위한 조치를 강구할 것

제조소의 위치, 구조 및 설비의 기준(위험물안전관리법 시행규칙 별표 4)
- 알킬알루미늄등을 취급하는 설비에는 불활성기체를 봉입하는 장치를 갖출 것
- 아세트알데하이드등을 취급하는 설비는 은·수은·동·마그네슘 또는 이들을 성분으로 하는 합금으로 만들지 아니할 것
- 하이드록실아민등을 취급하는 설비에는 철 이온 등의 혼입에 의한 위험한 반응을 방지하기 위한 조치를 강구할 것

정답 ① 알킬알루미늄등 ② 아세트알데하이드등 ③ 하이드록실아민등

11

다음 소화설비 적응성 표에 소화가 가능한 경우 ○ 표시를 하시오.

소화설비의 구분	대상물 구분											
	건축물 그 밖의 공작물	전기 설비	제1류 위험물		제2류 위험물			제3류 위험물		제4류 위험물	제5류 위험물	제6류 위험물
			알칼리 금속 과산화물등	그밖의것	철분 금속분 마그네슘등	인화성 고체	그밖의 것	금수성 물질	그밖의 것			
옥내소화전 옥외소화전설비	○			○		○	○		○		○	○
스프링클러설비	○			○		○	○		○	△	○	○
물분무 소화설비												

소화설비의 기준(위험물안전관리법 시행규칙 별표 17)

소화설비의 구분	대상물 구분											
	건축물 그 밖의 공작물	전기 설비	제1류 위험물		제2류 위험물			제3류 위험물		제4류 위험물	제5류 위험물	제6류 위험물
			알칼리 금속 과산화물 등	그밖의 것	철분 금속분 마그네슘 등	인화성 고체	그밖의 것	금수성 물질	그밖의 것			
옥내소화전 옥외소화전설비	○			○		○	○		○		○	○
스프링클러 설비	○			○		○	○		○	△	○	○
물분무 소화 설비	○	○		○		○	○		○	○	○	○

- 물분무 소화설비는 주수소화, 질식소화 효과가 있다.
- 건축물 그 밖의 공작물은 주수소화한다.
- 전기설비는 포 소화설비를 제외한 질식소화에 적응성이 있다.

정답 [해설참조]

12

크실렌의 이성질체 3가지에 대한 명칭을 쓰고 구조식으로 나타내시오.

크실렌[$C_6H_4(CH_3)_2$] - 제4류 위험물
- 품명: 제2석유류(비수용성)
- 크실렌의 이성질체

명칭	o-크실렌	m-크실렌	p-크실렌
구조식	CH₃, CH₃ (1,2 위치)	CH₃, CH₃ (1,3 위치)	CH₃, CH₃ (1,4 위치)

정답

o-크실렌	m-크실렌	p-크실렌
CH₃, CH₃ (ortho)	CH₃, CH₃ (meta)	CH₃, CH₃ (para)

13 ★빈출

칼륨과 다음 물질의 화학반응식을 쓰시오. (단, 반응하지 않으면 '해당 없음'이라고 쓰시오)

(1) 물
(2) 경유
(3) 이산화탄소

(1) 칼륨과 물의 반응식
  - $2K + 2H_2O \rightarrow 2KOH + H_2$
  - 칼륨은 물과 반응하여 수산화칼륨과 수소를 발생한다.
(2) 칼륨은 경유와 반응하지 않는다.
(3) 칼륨과 이산화탄소의 반응식
  - $4K + 3CO_2 \rightarrow 2K_2CO_3 + C$
  - 칼륨은 이산화탄소와 반응하여 탄산칼륨과 탄소를 발생한다.

정답 (1) $2K + 2H_2O \rightarrow 2KOH + H_2$ (2) 해당 없음 (3) $4K + 3CO_2 \rightarrow 2K_2CO_3 + C$

14 ★빈출

트라이에틸알루미늄 228g이 물과 반응할 때의 반응식과 발생하는 가연성 가스의 부피는 표준상태에서 몇 L인지 구하시오.

(1) 물과의 반응식
(2) 가연성 가스의 부피

(1) 트라이에틸알루미늄과 물의 반응식
  - $(C_2H_5)_3Al + 3H_2O \rightarrow Al(OH)_3 + 3C_2H_6$
  - 트라이에틸알루미늄은 물과 반응하여 수산화알루미늄과 에탄을 발생한다.
(2) 에탄의 부피
  - 이상기체방정식을 이용하여 에탄의 부피를 구하기 위해 $PV = \dfrac{wRT}{M}$ 의 식을 사용한다.
  - 트라이에틸알루미늄과 에탄은 1 : 3의 비율로 반응하므로 다음과 같은 식이 된다.

    $V = \dfrac{wRT}{P \times M} = \dfrac{228g \times 0.082 \times 273K}{1 \times 114g/mol} \times \dfrac{3}{1} = 134.32L$

    [*표준상태: 0℃, 1기압]
    - P: 압력(1atm)
    - w: 질량 → 228g
    - M: 분자량 → 트라이에틸알루미늄$[(C_2H_5)_3Al]$의 분자량 = $(12 \times 6) + (1 \times 15) + 27 = 114g/mol$
    - V: 부피(L)
    - R: 기체상수(0.082L · atm/mol · K)
    - T: 절대온도(K, 절대온도로 변환하기 위해 273을 더한다.) → 0 + 273 = 273K

정답 (1) $(C_2H_5)_3Al + 3H_2O \rightarrow Al(OH)_3 + 3C_2H_6$ (2) 134.32L

15 ★빈출

다음 [보기]에서 연소가 가능한 물질을 골라 완전연소반응식을 각각 쓰시오.

---[보기]---
과산화수소, 질산칼륨, 염소산암모늄, 알루미늄분, 다이에틸에터

(1) 연소가 가능한 물질을 모두 골라 쓰시오.
(2) (1) 물질의 완전연소반응식을 쓰시오.

- 알루미늄분과 다이에틸에터는 가연성 물질이므로 연소가 가능하다.
- 알루미늄분의 완전연소반응식: $4Al + 3O_2 \rightarrow 2Al_2O_3$
  알루미늄분은 연소하여 산화알루미늄을 생성한다.
- 다이에틸에터의 완전연소반응식: $C_2H_5OC_2H_5 + 6O_2 \rightarrow 4CO_2 + 5H_2O$
  다이에틸에터는 연소하여 이산화탄소와 물을 생성한다.

정답 (1) 알루미늄분, 다이에틸에터
(2) 알루미늄분: $4Al + 3O_2 \rightarrow 2Al_2O_3$, 다이에틸에터: $C_2H_5OC_2H_5 + 6O_2 \rightarrow 4CO_2 + 5H_2O$

16

위험물안전관리법령에 따른 위험물의 유별 저장, 취급의 공통기준에 대하여 다음 괄호 안에 알맞은 말을 쓰시오.

- (①) 위험물은 산화제와의 접촉, 혼합이나 불티, 불꽃, 고온체와의 접근 또는 과열을 피하는 한편 철분, 금속분, 마그네슘 및 이를 함유한 것에 있어서는 물이나 산과의 접촉을 피하고 인화성 고체에 있어서는 함부로 증기를 발생시키지 아니하여야 한다.
- (②) 위험물 중 자연발화성 물질에 있어서는 불티, 불꽃 또는 고온체와의 접근, 과열 또는 공기와의 접촉을 피하고 금수성 물질에 있어서는 물과의 접촉을 피하여야 한다.
- (③) 위험물은 불티, 불꽃, 고온체와의 접근 또는 과열을 피하고, 함부로 증기를 발생시키지 아니하여야 한다.
- (④) 위험물은 가연물과의 접촉, 혼합이나 분해를 촉진하는 물품과의 접근 또는 과열, 충격, 마찰 등을 피하는 한편, 알칼리금속의 과산화물 및 이를 함유한 것에 있어서는 물과의 접촉을 피하여야 한다.
- (⑤) 위험물은 가연물과의 접촉, 혼합이나 분해를 촉진하는 물품과의 접근 또는 과열을 피하여야 한다.

> 위험물의 유별 저장 및 취급의 공통기준(위험물안전관리법 시행규칙 별표 18)
> - 제1류 위험물은 가연물과의 접촉·혼합이나 분해를 촉진하는 물품과의 접근 또는 과열·충격·마찰 등을 피하는 한편, 알칼리금속의 과산화물 및 이를 함유한 것에 있어서는 물과의 접촉을 피하여야 한다.
> - 제2류 위험물은 산화제와의 접촉·혼합이나 불티·불꽃·고온체와의 접근 또는 과열을 피하는 한편, 철분·금속분·마그네슘 및 이를 함유한 것에 있어서는 물이나 산과의 접촉을 피하고 인화성 고체에 있어서는 함부로 증기를 발생시키지 아니하여야 한다.
> - 제3류 위험물 중 자연발화성물질에 있어서는 불티·불꽃 또는 고온체와의 접근·과열 또는 공기와의 접촉을 피하고, 금수성 물질에 있어서는 물과의 접촉을 피하여야 한다.
> - 제4류 위험물은 불티·불꽃·고온체와의 접근 또는 과열을 피하고, 함부로 증기를 발생시키지 아니하여야 한다.
> - 제5류 위험물은 불티·불꽃·고온체와의 접근이나 과열·충격 또는 마찰을 피하여야 한다.
> - 제6류 위험물은 가연물과의 접촉·혼합이나 분해를 촉진하는 물품과의 접근 또는 과열을 피하여야 한다.

정답 ① 제2류 ② 제3류 ③ 제4류 ④ 제1류 ⑤ 제6류

17

금속나트륨에 대하여 다음 물음에 답하시오.

(1) 에틸알코올과 반응식
(2) 반응식에서 발생하는 가스의 명칭
(3) (2) 물질의 연소범위
(4) (2) 물질의 위험도

> (1) 금속나트륨과 에틸알코올의 반응식: $2Na + 2C_2H_5OH \rightarrow 2C_2H_5ONa + H_2$
> (2) 나트륨은 에틸알코올과 반응하여 나트륨에틸라이트와 수소를 발생한다.
> (3) 수소의 연소범위는 4~75%이다.
> (4) 수소의 위험도 = $\dfrac{\text{연소상한} - \text{연소하한}}{\text{연소하한}} = \dfrac{75-4}{4} = 17.75$

정답
(1) $2Na + 2C_2H_5OH \rightarrow 2C_2H_5ONa + H_2$
(2) 수소
(3) 4 ~ 75%
(4) 17.75

18 빈출

질산암모늄이 열분해되는 경우 다음 각 물음에 답하시오.

(1) 질산암모늄이 분해되어 N_2, O_2, H_2O를 발생하는 분해반응식을 쓰시오.
(2) 질산암모늄 1mol이 0.9기압, 300℃에서 분해될 때 생성되는 H_2O의 부피(L)를 구하시오.

(1) 질산암모늄의 열분해반응식
- $2NH_4NO_3 \rightarrow 2N_2 + O_2 + 4H_2O$
- 질산암모늄은 분해되어 질소, 산소, 물을 생성한다.

(2) 질산암모늄 1mol이 0.9기압, 300℃에서 분해될 때 생성되는 H_2O의 부피(L)
- 이상기체방정식을 이용하여 물의 부피를 구하기 위해 PV = nRT의 식을 사용한다.
- 질산암모늄과 물은 2 : 4 → 1 : 2의 비율로 반응하므로 다음과 같은 식이 된다.

$$V = \frac{nRT}{P} = \frac{2mol \times 0.082 \times 573K}{0.9} = 104.41L$$

- P: 압력(0.9atm)
- n: 몰수 → 2mol
- V: 부피(L)
- R: 기체상수(0.082L · atm/mol · K)
- T: 절대온도(K, 절대온도로 변환하기 위해 273을 더한다.) → 300 + 273 = 573K

정답 (1) $2NH_4NO_3 \rightarrow 2N_2 + O_2 + 4H_2O$
(2) 104.41L

19 빈출

다음 위험물을 인화점이 낮은 것부터 높은 것 순으로 쓰시오.

글리세린, 클로로벤젠, 초산에틸, 이황화탄소

위험물	품명	인화점(℃)
글리세린	제3석유류(수용성)	160
클로로벤젠	제2석유류(비수용성)	32
초산에틸	제1석유류(비수용성)	-3
이황화탄소	특수인화물(비수용성)	-30

정답 이황화탄소, 초산에틸, 클로로벤젠, 글리세린

20

[보기]를 참고하여 다음 표를 보고 위험물안전관리법령에 따른 안전교육의 과정, 기간과 그 밖의 교육 실시에 관한 사항에 대하여 빈칸에 알맞은 말을 쓰시오.

[보기]
안전관리자, 위험물운반자, 위험물운송자, 탱크시험자의 기술인력

교육과정	교육대상자	교육시간	교육시기
실무교육	(1)	8시간 이내	• 제조소등의 안전관리자로 선임된 날부터 6개월 이내 • 위 항목에 따른 교육을 받은 후 2년마다 1회
	(2)	4시간	• 위험물운반자로 종사한 날부터 6개월 이내 • 위 항목에 따른 교육을 받은 후 3년마다 1회
	(3)	8시간 이내	• 이동탱크저장소의 위험물운송자로 종사한 날부터 6개월 이내 • 위 항목에 따른 교육을 받은 후 3년마다 1회
	(4)	8시간 이내	• 탱크시험자의 기술인력으로 등록한 날부터 6개월 이내 • 위 항목에 따른 교육을 받은 후 2년마다 1회

안전교육의 과정, 기간과 그 밖의 교육의 실시(위험물안전관리법 시행규칙 별표 24)

교육과정	교육대상자	교육시간	교육시기
실무교육	안전관리자	8시간 이내	• 제조소등의 안전관리자로 선임된 날부터 6개월 이내 • 위 항목에 따른 교육을 받은 후 2년마다 1회
	위험물운반자	4시간	• 위험물운반자로 종사한 날부터 6개월 이내 • 위 항목에 따른 교육을 받은 후 3년마다 1회
	위험물운송자	8시간 이내	• 이동탱크저장소의 위험물운송자로 종사한 날부터 6개월 이내 • 위 항목에 따른 교육을 받은 후 3년마다 1회
	탱크시험자의 기술인력	8시간 이내	• 탱크시험자의 기술인력으로 등록한 날부터 6개월 이내 • 위 항목에 따른 교육을 받은 후 2년마다 1회

정답
(1) 안전관리자
(2) 위험물운반자
(3) 위험물운송자
(4) 탱크시험자의 기술인력

CHAPTER 11
2022 제2회 실기[필답형] 기출복원문제

01
아세트알데하이드를 산화시켜 얻을 수 있는 제4류 위험물에 대하여 다음 물음에 답하시오.

(1) 시성식
(2) 완전연소반응식
(3) 옥내저장소에 저장 시 바닥면적

> **아세트산 – 제4류 위험물(제2석유류)**
> - 아세트알데하이드의 산화반응식: $2CH_3CHO + O_2 \rightarrow 2CH_3COOH$
>   아세트알데하이드는 산소에 의해 산화되어 아세트산이 발생된다.
> - 아세트산의 연소반응식: $CH_3COOH + 2O_2 \rightarrow 2CO_2 + 2H_2O$
>   아세트산은 연소하여 이산화탄소와 물을 생성한다.
>
> **옥내저장소의 위치, 구조 및 설비의 기준(위험물안전관리법 시행규칙 별표 5)**
> 하나의 저장창고의 바닥면적(2 이상의 구획된 실이 있는 경우에는 각 실의 바닥면적의 합계)은 다음 각목의 구분에 의한 면적 이하로 하여야 한다. 이 경우 가목의 위험물과 나목의 위험물을 같은 저장창고에 저장하는 때에는 가목의 위험물을 저장하는 것으로 보아 그에 따른 바닥면적을 적용한다.
> 가. 다음의 위험물을 저장하는 창고: $1,000m^2$
>   1) 제1류 위험물 중 아염소산염류, 염소산염류, 과염소산염류, 무기과산화물 그 밖에 지정수량이 50kg인 위험물
>   2) 제3류 위험물 중 칼륨, 나트륨, 알킬알루미늄, 알킬리튬 그 밖에 지정수량이 10kg인 위험물 및 황린
>   3) 제4류 위험물 중 특수인화물, 제1석유류 및 알코올류
>   4) 제5류 위험물 중 유기과산화물, 질산에스터류 그 밖에 지정수량이 10kg인 위험물
>   5) 제6류 위험물
> 나. 가목의 위험물 외의 위험물을 저장하는 창고: $2,000m^2$
> 다. 가목의 위험물과 나목의 위험물을 내화구조의 격벽으로 완전히 구획된 실에 각각 저장하는 창고: $1,500m^2$(가목의 위험물을 저장하는 실의 면적은 $500m^2$를 초과할 수 없다)
>   → 아세트산은 제4류 위험물 중 제2석유류 이므로 바닥면적은 $2,000m^2$이다.

정답 (1) CH_3COOH

(2) $CH_3COOH + 2O_2 \rightarrow 2CO_2 + 2H_2O$
(3) $2,000m^2$

02

제1류 위험물 중 위험등급이 Ⅰ등급인 위험물의 품명을 3가지 쓰시오.

위험등급 Ⅰ인 제1류 위험물

등급	품명	지정수량(kg)	위험물	분자식	기타
Ⅰ	아염소산염류	50	아염소산나트륨	$NaClO_2$	-
	염소산염류		염소산칼륨	$KClO_3$	
			염소산나트륨	$NaClO_3$	
	과염소산염류		과염소산칼륨	$KClO_4$	
			과염소산나트륨	$NaClO_4$	
	무기과산화물		과산화칼륨	K_2O_2	• 과산화칼슘
			과산화나트륨	Na_2O_2	• 과산화마그네슘

정답 아염소산염류, 염소산염류, 과염소산염류, 무기과산화물 중 3가지

03

제4류 위험물 중 산화프로필렌에 대하여 다음 물음에 답하시오.

(1) 증기비중을 구하시오.
(2) 위험등급을 쓰시오.
(3) 옥외저장탱크 중 압력탱크 외의 저장할 때 몇 도 이하로 저장해야 하는지 쓰시오.

• **산화프로필렌의 특성**

위험물	분자식	위험등급	품명	비중	인화점
산화프로필렌	CH_2CHOCH_3	Ⅰ	특수인화물	0.83	-37℃

• 증기비중 = $\dfrac{산화프로필렌(CH_2CHOCH_3)의\ 분자량}{공기의\ 평균\ 분자량}$ = $\dfrac{(12 \times 3) + (1 \times 6) + 16}{29}$ = 2

• 아세트알데히드등의 저장기준(위험물안전관리법 시행규칙 별표 18)

위험물 종류		옥외저장탱크, 옥내저장탱크, 지하저장탱크		이동저장탱크	
		압력탱크 외	압력탱크	보냉장치 ×	보냉장치 ○
아세트알데히드등	아세트알데히드	15℃ 이하	40℃ 이하		비점 이하
	산화프로필렌	30℃ 이하			
	다이에틸에터등	30℃ 이하			

정답 (1) 2 (2) Ⅰ (3) 30℃(문제에 '이하'라고 적혀있는 경우 생략 가능하지만 그렇지 않은 경우 '이하'를 작성해 주셔야 합니다)

04

다음 소화설비의 능력단위 기준에 맞춰 빈칸에 알맞은 말을 쓰시오.

소화설비	용량(L)	능력단위
소화전용물통	①	0.3
수조(물통 3개 포함)	80	②
수조(물통 6개 포함)	190	2.5
마른모래(삽 1개 포함)	③	0.5
팽창질석·팽창진주암(삽 1개 포함)	160	④

소화설비	용량(L)	능력단위
소화전용물통	8	0.3
수조(물통 3개 포함)	80	1.5
수조(물통 6개 포함)	190	2.5
마른모래(삽 1개 포함)	50	0.5
팽창질석·팽창진주암(삽 1개 포함)	160	1.0

정답 ① 8 ② 1.5 ③ 50 ④ 1.0

05 빈출

다음 위험물을 물과 반응시켰을 때 생성되는 기체의 명칭을 쓰시오. (단, 생성되는 기체가 없으면 '해당 없음'이라고 쓰시오.)

(1) 염소산칼륨
(2) 질산암모늄
(3) 과산화칼륨
(4) 인화칼슘
(5) 리튬

(1) 염소산칼륨: 물과 반응하지 않음
(2) 질산암모늄: 물과 반응하지 않음
(3) 과산화칼륨과 물의 반응식
 • $2K_2O_2 + 2H_2O \rightarrow 4KOH + O_2$
 • 과산화칼륨은 물과 반응하여 수산화칼륨과 산소를 생성한다.
(4) 인화칼슘과 물의 반응식
 • $Ca_3P_2 + 6H_2O \rightarrow 3Ca(OH)_2 + 2PH_3$
 • 인화칼슘은 물과 반응하여 수산화칼슘과 포스핀을 생성한다.
(5) 리튬과 물의 반응식
 • $2Li + 2H_2O \rightarrow 2LiOH + H_2$
 • 리튬은 물과 반응하여 수산화리튬과 수소를 생성한다.

정답 (1) 해당 없음 (2) 해당 없음 (3) 산소 (4) 포스핀 (5) 수소

06 빈출

그림과 같은 타원형 위험물탱크의 내용적은 약 얼마인지 구하시오. (단, 길이의 단위는 m이다.)

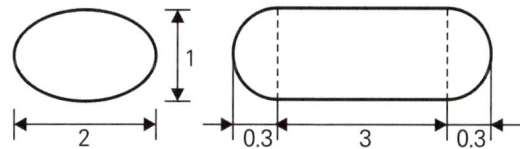

타원형 위험물탱크의 내용적

• 타원형 탱크의 단면적 × (가운데 체적길이 + $\dfrac{\text{양끝 체적길이 합}}{3}$)

• $V = \dfrac{\pi ab}{4} \times (l + \dfrac{l_1 + l_2}{3}) = \dfrac{\pi \times 2 \times 1}{4} \times (3 + \dfrac{0.3 + 0.3}{3}) = 5.03 m^3$

정답 $5.03 m^3$

07 빈출

삼황화인과 오황화인이 연소할 때 공통으로 생성되는 물질의 화학식을 쓰시오.

> - 삼황화인의 연소반응식: $P_4S_3 + 8O_2 \rightarrow 2P_2O_5 + 3SO_2$
>   삼황화인은 연소하여 오산화인과 이산화황을 생성한다.
> - 오황화인의 연소반응식: $2P_2S_5 + 15O_2 \rightarrow 2P_2O_5 + 10SO_2$
>   오황화인은 연소하여 오산화인과 이산화황을 생성한다.

정답 P_2O_5, SO_2

08

지정과산화물을 저장하는 옥내저장창고의 지붕에 관한 다음 내용을 보고 빈칸에 알맞은 말을 쓰시오.

- 중도리 또는 서까래 간격은 (①)cm 이하로 할 것
- 지붕의 아래쪽 면에는 한 변의 길이가 (②)cm 이하의 환강 등으로 된 강제의 격자를 설치할 것
- 지붕의 아래쪽 면에 (③)을 쳐서 불연재료의 도리, 보 또는 서까래에 단단히 결합할 것
- 두께 (④)cm 이상, 너비 (⑤)cm 이상의 목재로 만든 받침대를 설치할 것

> **저장창고의 지붕 기준(위험물안전관리법 시행규칙 별표 5)**
> - 중도리(서까래 중간을 받치는 수평의 도리) 또는 서까래의 간격은 30cm 이하로 할 것
> - 지붕의 아래쪽 면에는 한 변의 길이가 45cm 이하의 환강·경량형강 등으로 된 강제의 격자를 설치할 것
> - 지붕의 아래쪽 면에 철망을 쳐서 불연재료의 도리(서까래를 받치기 위해 기둥과 기둥 사이에 설치한 부재)·보 또는 서까래에 단단히 결합할 것
> - 두께 5cm 이상, 너비 30cm 이상의 목재로 만든 받침대를 설치할 것

정답 ① 30 ② 45 ③ 철망 ④ 5 ⑤ 30

09

위험물안전관리법령상 옥내저장소의 위험물 저장 기준에 대하여 다음 빈칸에 알맞은 말을 쓰시오.

- 옥내저장소에서 동일 품명의 위험물이더라도 자연발화 할 우려가 있는 위험물 또는 재해가 현저하게 증대할 우려가 있는 위험물을 다량 저장하는 경우에는 지정수량의 (①)배 이하마다 (②)m 이상의 간격을 두어 저장하여야 한다.
- 기계에 의해 하역하는 구조로 된 용기만을 겹쳐 쌓는 경우 높이는 (③)m를 초과하지 아니하여야 한다.
- 제4류 위험물 중 제3석유류, 제4석유류 및 동식물유류를 수납하는 용기만을 겹쳐 쌓는 경우 (④)m를 초과하지 아니하여야 한다.
- 그 밖의 경우에 있어서는 (⑤)m를 초과하지 아니하여야 한다.

제조소등에서의 위험물의 저장의 기준(위험물안전관리법 시행규칙 별표 18)
- 옥내저장소에서 동일 품명의 위험물이더라도 자연발화 할 우려가 있는 위험물 또는 재해가 현저하게 증대할 우려가 있는 위험물을 다량 저장하는 경우에는 지정수량의 10배 이하마다 구분하여 상호간 0.3m 이상의 간격을 두어 저장하여야 한다.
- 옥내저장소에서 위험물을 저장하는 경우에는 규정에 의한 높이를 초과하여 용기를 겹쳐 쌓지 아니하여야 한다.
  - 기계에 의하여 하역하는 구조로 된 용기만을 겹쳐 쌓는 경우에 있어서는 6m
  - 제4류 위험물 중 제3석유류, 제4석유류 및 동식물유류를 수납하는 용기만을 겹쳐 쌓는 경우에 있어서는 4m
  - 그 밖의 경우에 있어서는 3m

정답 ① 10 ② 0.3 ③ 6 ④ 4 ⑤ 3

10 빈출

위험물의 유별 및 지정수량에 대하여 다음 빈칸에 알맞은 말을 쓰시오.

제1류 위험물	
품명	지정수량
질산염류	300kg
아이오딘산염류	①
과망가니즈산염류	1,000kg
②	1,000kg

제2류 위험물	
품명	지정수량
철분	500kg
금속분	500kg
마그네슘	500kg
③	1,000kg

제4류 위험물		
구분		지정수량
제2석유류	비수용성	④
	수용성	2,000L
제3석유류	비수용성	2,000L
	수용성	4,000L

- 제1류 위험물(산화성 고체)

등급	품명	지정수량(kg)	위험물	분자식	기타
I	아염소산염류	50	아염소산나트륨	$NaClO_2$	-
	염소산염류		염소산칼륨	$KClO_3$	
			염소산나트륨	$NaClO_3$	
	과염소산염류		과염소산칼륨	$KClO_4$	
			과염소산나트륨	$NaClO_4$	
	무기과산화물		과산화칼륨	K_2O_2	• 과산화칼슘 • 과산화마그네슘
			과산화나트륨	Na_2O_2	
II	브로민산염류	300	브로민산암모늄	NH_4BrO_3	-
	질산염류		질산칼륨	KNO_3	
			질산나트륨	$NaNO_3$	
	아이오딘산염류		아이오딘산칼륨	KIO_3	
III	과망가니즈산염류	1,000	과망가니즈산칼륨	$KMnO_4$	
	다이크로뮴산염류		다이크로뮴산칼륨	$K_2Cr_2O_7$	

- 제2류 위험물(가연성 고체)

등급	품명	지정수량(kg)	위험물	분자식
II	황화인	100	삼황화인	P_4S_3
			오황화인	P_2S_5
			칠황화인	P_4S_7
	적린		적린	P
	황		황	S
III	금속분	500	알루미늄분	Al
			아연분	Zn
			안티몬	Sb
	철분		철분	Fe
	마그네슘		마그네슘	Mg
	인화성 고체	1,000	고형알코올	–

- 제4류 위험물(인화성 액체)

등급	품명		지정수량(L)	위험물	분자식
III	제2석유류	비수용성	1,000	등유	–
				경유	–
				스타이렌	–
				크실렌	–
				클로로벤젠	C_6H_5Cl
		수용성	2,000	아세트산	CH_3COOH
				포름산	$HCOOH$
				하이드라진	N_2H_4
	제3석유류	비수용성		크레오소트유	–
				중유	–
				아닐린	$C_6H_5NH_2$
				나이트로벤젠	$C_6H_5NO_2$
		수용성	4,000	글리세린	$C_3H_5(OH)_3$
				에틸렌글리콜	$C_2H_4(OH)_2$

정답 ① 300kg ② 다이크로뮴산염류 ③ 인화성 고체 ④ 1,000L

11

나이트로셀룰로오스에 대하여 다음 물음에 답하시오.

(1) 원료 중심 제조 방법
(2) 품명
(3) 지정수량
(4) 운반용기 외부에 표시해야 하는 주의사항

- 나이트로셀룰로오스는 셀룰로오스를 진한 질산과 진한 황산의 혼산으로 나이트로화하여 제조한다. 이 과정에서 셀룰로오스의 수산기(-OH)는 질산과 반응하여 나이트로 그룹(-NO₂)을 형성하며, 황산은 반응을 촉진하고 질산의 분해를 방지한다.
- 제5류 위험물(자기반응성 물질)

등급	품명	지정수량(kg)	위험물	분자식
Ⅰ	질산에스터류	종 판단 필요	질산메틸	CH_3ONO_2
		10kg(제1종)	질산에틸	$C_2H_5ONO_2$
			나이트로글리세린	$C_3H_5(ONO_2)_3$
			나이트로글리콜	
			나이트로셀룰로오스	-
		100kg(제2종)	셀룰로이드	
	유기과산화물	100kg(제2종)	과산화벤조일	$(C_6H_5CO)_2O_2$
			아세틸퍼옥사이드	

- 위험물 유별 운반용기 외부 주의사항 및 게시판(위험물안전관리법 시행규칙 별표 4, 별표 19)

유별	종류	운반용기 외부 주의사항	게시판
제1류	알칼리금속과산화물	가연물접촉주의, 화기·충격주의, 물기엄금	물기엄금
	그 외	가연물접촉주의, 화기·충격주의	-
제2류	철분, 금속분, 마그네슘	화기주의, 물기엄금	화기주의
	인화성 고체	화기엄금	화기엄금
	그 외	화기주의	화기주의
제3류	자연발화성 물질	화기엄금, 공기접촉엄금	화기엄금
	금수성 물질	물기엄금	물기엄금
제4류		화기엄금	화기엄금
제5류	-	화기엄금, 충격주의	화기엄금
제6류		가연물접촉주의	-

정답
(1) 셀룰로오스를 진한 질산과 진한 황산의 혼산으로 나이트로화하여 제조한다.
(2) 질산에스터류
(3) 10kg(제1종)
(4) 화기엄금, 충격주의

12

칼륨과 다음 물질과의 반응식을 쓰시오.

(1) 이산화탄소
(2) 에틸알코올

(1) 칼륨과 이산화탄소의 반응식
  - $4K + 3CO_2 \rightarrow 2K_2CO_3 + C$
  - 칼륨은 이산화탄소와 반응하여 탄산칼륨과 탄소를 발생한다.
(2) 칼륨과 에틸알코올의 반응식
  - $2K + 2C_2H_5OH \rightarrow 2C_2H_5OK + H_2$
  - 칼륨은 에틸알코올과 반응하여 칼륨에틸레이트와 수소를 발생한다.

정답 (1) $4K + 3CO_2 \rightarrow 2K_2CO_3 + C$
(2) $2K + 2C_2H_5OH \rightarrow 2C_2H_5OK + H_2$

13

트라이에틸알루미늄과 물을 반응시켰을 때 다음 물음에 답하시오.

(1) 화학반응식
(2) 반응식에서 발생하는 가연성 기체의 연소반응식

(1) 트라이에틸알루미늄과 물의 반응식
  - $(C_2H_5)_3Al + 3H_2O \rightarrow Al(OH)_3 + 2C_2H_6$
  - 트라이에틸알루미늄은 물과 반응하여 수산화알루미늄과 에탄을 발생한다.
(2) 에탄의 연소반응식
  - $2C_2H_6 + 7O_2 \rightarrow 4CO_2 + 6H_2O$
  - 에탄은 연소하여 이산화탄소와 물을 발생한다.

정답 (1) $(C_2H_5)_3Al + 3H_2O \rightarrow Al(OH)_3 + 2C_2H_6$
(2) $2C_2H_6 + 7O_2 \rightarrow 4CO_2 + 6H_2O$

14

분자량이 100.5, 비중이 1.76이며 염소산 중 가장 산성이 강한 물질에 대하여 다음 물음에 답하시오.

(1) 화학식
(2) 위험등급
(3) 위험물 유별
(4) 제조소와 병원 사이의 안전거리
(5) 5,000kg을 취급하는 제조소의 보유공지 최소 너비

- 과염소산($HClO_4$)의 특징

유별	제6류 위험물
위험등급	I
지정수량	300kg
색상 및 형태	무색 액체
분자량	100.5
위험물 취급 기준	농도와 관계없이 위험물로 취급
분해 반응	가열되면 분해하여 염화수소(HCl) 가스를 포함한 유독 가스를 방출
고농도 시	고농도 과염소산은 강력한 산화제이자 부식성 액체

- 제조소의 안전거리 단축기준(위험물안전관리법 시행규칙 별표 4)

 제조소(제6류 위험물을 취급하는 제조소를 제외한다)는 규정에 의한 건축물의 외벽 또는 이에 상당하는 공작물의 외측으로부터 당해 제조소의 외벽 또는 이에 상당하는 공작물의 외측까지의 사이에 다음의 규정에 의한 수평거리(이하 "안전거리"라 한다)를 두어야 한다.

- 안전거리(위험물안전관리법 시행규칙 별표 4)

구분	거리
사용전압 7,000V 초과 35,000V 이하 특고압 가공전선	3m 이상
사용전압 35,000V 초과의 특고압 가공전선	5m 이상
주거용으로 사용	10m 이상
고압가스, 액화석유가스, 도시가스를 저장 취급하는 시설	20m 이상
학교, 병원, 영화상영관 등 수용인원 300명 이상 복지시설, 어린이집 수용인원 20명 이상	30m 이상
지정문화유산 및 천연기념물 등	50m 이상

- 위험물제조소의 보유공지(위험물안전관리법 시행규칙 별표 4)

취급하는 위험물의 최대수량	공지의 너비
지정수량의 10배 이하	3m 이상
지정수량의 10배 초과	5m 이상

지정수량의 배수는 $\frac{5,000}{300}$ = 16.67배이므로 지정수량의 10배 초과로 보유공지는 5m 이상이다.

정답
(1) $HClO_4$
(2) I
(3) 제6류 위험물
(4) 안전거리 적용 제외
(5) 5m 이상

15 ★빈출

탄화알루미늄이 다음 물질과 반응할 때 화학반응식을 쓰시오.

(1) 물
(2) 염산

(1) 탄화알루미늄과 물의 반응식
- $Al_4C_3 + 12H_2O \rightarrow 4Al(OH)_3 + 3CH_4$
- 탄화알루미늄은 물과 반응하여 수산화알루미늄과 메탄을 발생한다.

(2) 탄화알루미늄과 염산의 반응식
- $Al_4C_3 + 12HCl \rightarrow 4AlCl_3 + 3CH_4$
- 탄화알루미늄은 염산과 반응하여 염화알루미늄과 메탄을 발생한다.

정답
(1) $Al_4C_3 + 12H_2O \rightarrow 4Al(OH)_3 + 3CH_4$
(2) $Al_4C_3 + 12HCl \rightarrow 4AlCl_3 + 3CH_4$

16 ★빈출

위험물안전관리법에서 정하는 다음 위험물의 정의를 쓰시오.

(1) 인화성 고체
(2) 철분
(3) 제2석유류

위험물 및 지정수량(위험물안전관리법 시행령 별표 1)
- "인화성 고체"라 함은 고형알코올 그 밖에 1기압에서 인화점이 섭씨 40도 미만인 고체를 말한다.
- "철분"이라 함은 철의 분말로서 53마이크로미터의 표준체를 통과하는 것이 50중량퍼센트 미만인 것은 제외한다.
- "제2석유류"라 함은 등유, 경유 그 밖에 1기압에서 인화점이 섭씨 21도 이상 70도 미만인 것을 말한다. 다만, 도료류 그 밖의 물품에 있어서 가연성 액체량이 40중량퍼센트 이하이면서 인화점이 섭씨 40도 이상인 동시에 연소점이 섭씨 60도 이상인 것은 제외한다.

정답
(1) 고형알코올 그 밖에 1기압에서 인화점이 섭씨 40도 미만인 고체
(2) 철의 분말로서 53마이크로미터의 표준체를 통과하는 것이 50중량퍼센트 미만인 것은 제외
(3) 등유, 경유 그 밖에 1기압에서 인화점이 섭씨 21도 이상 70도 미만인 것

17

제1류 위험물인 염소산칼륨에 대하여 다음 물음에 답하시오.

(1) 완전분해반응식
(2) 염소산칼륨 24.5kg가 표준상태에서 완전분해 시 생성되는 산소의 부피(m^3) (단, 염소산칼륨의 분자량은 122.5이다.)

(1) 염소산칼륨의 완전분해반응식
- $2KClO_3 \rightarrow 2KCl + 3O_2$
- 염소산칼륨은 완전분해되어 염화칼륨과 산소를 발생한다.

(2) 염소산칼륨 24.5kg가 표준상태에서 완전분해 시 생성되는 산소의 부피
- 이상기체방정식을 이용하여 산소의 부피를 구하기 위해 $PV = \dfrac{wRT}{M}$의 식을 사용한다.
- 염소산칼륨과 산소는 2 : 3의 비율로 반응하므로 다음과 같은 식이 된다.

$$V = \dfrac{wRT}{P \times M} = \dfrac{24.5 kg \times 0.082 \times 273K}{1 \times 122.5 kg/mol} \times \dfrac{3}{2} = 6.72 m^3$$

[*표준상태: 0℃, 1기압]
- P: 압력(1atm)
- w: 질량 → 24.5kg
- M: 분자량 → 염소산칼륨($KClO_3$)의 분자량 = 39 + 35.5 + (16 × 3) = 122.5kg/kmol
  (K 원자량: 39, Cl 원자량: 35.5, O 원자량: 16)
- V: 부피(m^3)
- R: 기체상수(0.082$m^3 \cdot$ atm/kmol $\cdot$ K)
- T: 절대온도(K, 절대온도로 변환하기 위해 273을 더한다.) → 0 + 273 = 273K

 정답 (1) $2KClO_3 \rightarrow 2KCl + 3O_2$
(2) $6.72 m^3$

18

다음 제조소등의 소요단위를 계산하여 쓰시오.

(1) 내화구조인 제조소 300m²
(2) 내화구조가 아닌 제조소 300m²
(3) 내화구조인 저장소 300m²

소요단위(연면적)(위험물안전관리법 시행규칙 별표 17)

구분	외벽 내화구조(m²)	외벽 비내화구조(m²)
위험물제조소 취급소	100	50
위험물저장소	150	75

(1) 내화구조인 제조소 300m²의 소요단위 = $\dfrac{300}{100}$ = 3소요단위

(2) 내화구조가 아닌 제조소 300m²의 소요단위 = $\dfrac{300}{50}$ = 6소요단위

(3) 내화구조인 저장소 300m²의 소요단위 = $\dfrac{300}{150}$ = 2소요단위

정답 (1) 3 (2) 6 (3) 2

19

불활성 가스 소화약제 IG-541의 구성 성분 3가지를 쓰시오.

IG-541의 구성성분
질소(N_2) : 아르곤(Ar) : 이산화탄소(CO_2) = 52 : 40 : 8로 혼합되어 있다.

정답 질소, 아르곤, 이산화탄소

20

이황화탄소를 제외한 제4류 위험물을 취급하는 제조소의 옥외저장탱크에 100만 리터 1기, 50만 리터 2기, 10만 리터 3기가 있다. 이 중 50만 리터 탱크 1기를 다른 방유제에 설치하고 나머지를 하나의 방유제에 설치할 경우 방유제 전체의 최소 용량의 합계(L)를 구하시오.

(1) 계산과정
(2) 답

- 제조소 옥외에 있는 위험물취급탱크로서 액체위험물(이황화탄소 제외)을 취급하는 것의 주위 방유제 설치기준
  - 탱크 1기: 탱크용량 × 0.5
  - 탱크 2기: (최대 탱크용량 × 0.5) + (나머지 탱크용량 × 0.1)
- 100만 리터 1기, 50만 리터 2기, 10만 리터 3기가 있는 경우
  (최대 탱크용량 × 0.5) + (나머지 탱크용량 × 0.1) = 1,000,000 × 0.5 + {(500,000 + 100,000 × 3) × 0.1} = 580,000L
- 50만 리터 탱크 1기가 있는 경우
  탱크용량 × 0.5 = 500,000 × 0.5 = 250,000L
- 방유제 전체의 최소 용량의 합계
  580,000L + 250,000L = 830,000L

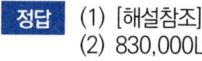
(1) [해설참조]
(2) 830,000L

CHAPTER 12
2022 제1회 실기[필답형] 기출복원문제

01

다음 위험물의 증기비중을 구하시오.

(1) 이황화탄소
(2) 산화프로필렌
(3) 벤젠

(1) 이황화탄소의 증기비중 = $\dfrac{\text{이황화탄소}(CS_2)\text{의 분자량}}{\text{공기의 평균 분자량}} = \dfrac{12+(32\times 2)}{29} = 2.62$

(2) 산화프로필렌의 증기비중 = $\dfrac{\text{산화프로필렌}(CH_2CHOCH_3)\text{의 분자량}}{\text{공기의 평균 분자량}} = \dfrac{(12\times 3)+(1\times 6)+16}{29} = 2$

(3) 벤젠의 증기비중 = $\dfrac{\text{벤젠}(C_6H_6)\text{의 분자량}}{\text{공기의 평균 분자량}} = \dfrac{(12\times 6)+(1\times 6)}{29} = 2.69$

(C 원자량: 12, S 원자량: 32, H 원자량: 1, O 원자량: 16)

정답 (1) 2.62 (2) 2 (3) 2.69

02

지하탱크저장소에 다음과 같이 위험물을 각각의 탱크에 저장하고자 한다. 두 탱크 사이의 최소 거리를 구하시오.

① 경유 20,000L, 휘발유 8,000L
② 경유 8,000L, 휘발유 20,000L
③ 경유 20,000L, 휘발유 20,000L

(1) 계산과정
(2) 답

- 휘발유와 경유의 지정수량

위험물	품명	지정수량
휘발유	제1석유류	200L
경유	제2석유류	1,000L

- 지하탱크저장소의 위치, 구조 및 설비의 기준(위험물안전관리법 시행규칙 별표 8)
  지하저장탱크를 2 이상 인접해 설치하는 경우에는 그 상호간에 1m(당해 2 이상의 지하저장탱크의 용량의 합계가 지정수량의 100배 이하인 때에는 0.5m) 이상의 간격을 유지하여야 한다.
- 경유 20,000L, 휘발유 8,000L인 경우 두 탱크 사이의 최소 거리
  $\frac{20,000}{1,000} + \frac{8,000}{200} = 60$이고 지정수량 배수의 합이 100 이하이므로 탱크간 거리는 0.5m 이상이어야 한다.
- 경유 8,000L, 휘발유 20,000L인 경우 두 탱크 사이의 최소 거리
  $\frac{8,000}{1,000} + \frac{20,000}{200} = 108$이고 지정수량 배수의 합이 100 이상이므로 탱크간 거리는 1m 이상이어야 한다.
- 경유 20,000L, 휘발유 20,000L인 경우 두 탱크 사이의 최소 거리
  $\frac{20,000}{1,000} + \frac{20,000}{200} = 120$이고 지정수량 배수의 합이 100 이상이므로 탱크간 거리는 1m 이상이어야 한다.

정답 (1) [해설참조] (2) ① 0.5m, ② 1m, ③ 1m

03

다음 [보기]에서 금수성과 자연발화성 특징을 함께 가지는 물질을 모두 찾아 쓰시오.

―――――――――――[보기]―――――――――――
황린, 나이트로글리세린, 칼륨, 트라이나이트로페놀, 수소화나트륨, 나이트로벤젠

- 제3류 위험물(자연발화성 물질 및 금수성 물질)

등급	품명	지정수량(kg)	위험물	분자식
I	알킬알루미늄	10	트라이에틸알루미늄	$(C_2H_5)_3Al$
	칼륨		칼륨	K
	알킬리튬		알킬리튬	RLi
	나트륨		나트륨	Na
	황린	20	황린	P_4
II	알칼리금속 (칼륨, 나트륨 제외)	50	리튬	Li
			루비듐	Rb
	알칼리토금속		칼슘	Ca
			바륨	Ba
	유기금속화합물 (알킬알루미늄, 알킬리튬 제외)		-	-

	금속의 수소화물	300	수소화칼슘	CaH_2
III			수소화나트륨	NaH
	금속의 인화물		인화칼슘	Ca_3P_2
	칼슘, 알루미늄의 탄화물		탄화칼슘	CaC_2
			탄화알루미늄	Al_4C_3

- 그 외 물질의 품명 및 특징

위험물	품명	특징
황린	제3류 위험물	자연발화성 성질만 보유함
나이트로글리세린	제5류 위험물	자기반응성 물질
트라이나이트로페놀	제5류 위험물	자기반응성 물질
나이트로벤젠	제4류 위험물	인화성 액체

정답 칼륨, 수소화나트륨

04

제3류 위험물 중 위험등급 I 인 품명을 5가지 쓰시오.

제3류 위험물(자연발화성 물질 및 금수성 물질)

등급	품명	지정수량(kg)	위험물	분자식
I	알킬알루미늄	10	트라이에틸알루미늄	$(C_2H_5)_3Al$
	칼륨		칼륨	K
	알킬리튬		알킬리튬	RLi
	나트륨		나트륨	Na
	황린	20	황린	P_4
II	알칼리금속 (칼륨, 나트륨 제외)	50	리튬	Li
			루비듐	Rb
	알칼리토금속		칼슘	Ca
			바륨	Ba
	유기금속화합물 (알킬알루미늄, 알킬리튬 제외)		–	–
III	금속의 수소화물	300	수소화칼슘	CaH_2
			수소화나트륨	NaH
	금속의 인화물		인화칼슘	Ca_3P_2
	칼슘, 알루미늄의 탄화물		탄화칼슘	CaC_2
			탄화알루미늄	Al_4C_3

정답 알킬알루미늄, 칼륨, 알킬리튬, 나트륨, 황린

05

주유취급소에 설치할 수 있는 탱크의 최대 용량을 쓰시오.

(1) 고정주유설비, 고정급유설비
(2) 보일러 전용탱크
(3) 자동차를 점검, 정비하는 작업장의 폐유탱크
(4) 고속국도의 도로변

> - 주유취급소의 위치, 구조 및 설비의 기준(위험물안전관리법 시행규칙 별표 13)
>   주유취급소에는 다음의 탱크 외에는 위험물을 저장 또는 취급하는 탱크를 설치할 수 없다. 다만, 규정에 의한 이동탱크저장소의 상시주차장소를 주유공지 또는 급유공지 외의 장소에 확보하여 이동탱크저장소(당해주유취급소의 위험물의 저장 또는 취급에 관계된 것에 한한다)를 설치하는 경우에는 그러하지 아니하다.
>   - 자동차 등에 주유하기 위한 고정주유설비에 직접 접속하는 전용탱크로서 50,000L 이하의 것
>   - 고정급유설비에 직접 접속하는 전용탱크로서 50,000L 이하의 것
>   - 보일러 등에 직접 접속하는 전용탱크로서 10,000L 이하의 것
>   - 자동차 등을 점검·정비하는 작업장 등(주유취급소안에 설치된 것에 한한다)에서 사용하는 폐유·윤활유 등의 위험물을 저장하는 탱크로서 용량(2 이상 설치하는 경우에는 각 용량의 합계를 말한다)이 2,000L 이하인 탱크(이하 "폐유탱크등"이라 한다)
> - 고속국도주유취급소의 특례
>   고속국도의 도로변에 설치된 주유취급소에 있어서는 규정에 의한 탱크의 용량을 60,000L까지 할 수 있다.

정답 (1) 50,000L (2) 10,000L
        (3) 2,000L   (4) 60,000L

06

다음 위험물의 연소반응식을 쓰시오.

(1) 에틸알코올
(2) 메틸알코올

> (1) 에틸알코올의 연소반응식
>   - $C_2H_5OH + 3O_2 \rightarrow 2CO_2 + 3H_2O$
>   - 에틸알코올은 연소하여 이산화탄소와 물을 생성한다.
> (2) 메틸알코올의 연소반응식
>   - $2CH_3OH + 3O_2 \rightarrow 2CO_2 + 4H_2O$
>   - 메틸알코올은 연소하여 이산화탄소와 물을 생성한다.

정답 (1) $C_2H_5OH + 3O_2 \rightarrow 2CO_2 + 3H_2O$
        (2) $2CH_3OH + 3O_2 \rightarrow 2CO_2 + 4H_2O$

07

다음 위험물에 대한 유별과 지정수량을 알맞게 쓰시오.

위험물	유별	지정수량
칼륨	(가)	(나)
하이드라진유도체(제2종)	(다)	(라)
나이트로소화합물(제2종)	(마)	(바)
질산	(사)	(아)
질산염류	(자)	(차)

위험물	유별	지정수량
칼륨	제3류 위험물	10kg
하이드라진유도체	제5류 위험물	100kg(제2종)
나이트로소화합물	제5류 위험물	100kg(제2종)
질산	제6류 위험물	300kg
질산염류	제1류 위험물	300kg

정답 (가) 제3류 위험물 (나) 10kg
(다) 제5류 위험물 (라) 100kg
(마) 제5류 위험물 (바) 100kg
(사) 제6류 위험물 (아) 300kg
(자) 제1류 위험물 (차) 300kg

08

옥외탱크저장소에 설치한 방유제에 대하여 다음 물음에 답하시오.

(1) 방유제의 면적
(2) 제1석유류 15만 리터 저장 시 설치할 수 있는 최대 탱크 수
(3) 방유제 내에 저장탱크의 개수를 제한하지 아니하여도 되는 인화점 기준

- 옥외탱크저장소의 위치, 구조 및 설비의 기준(위험물안전관리법 시행규칙 별표 6)
  - 방유제 내의 면적은 8만m² 이하로 할 것
  - 방유제 내의 설치하는 옥외저장탱크의 수는 10(방유제 내에 설치하는 모든 옥외저장탱크의 용량이 20만L 이하이고, 당해 옥외저장탱크에 저장 또는 취급하는 위험물의 인화점이 70℃ 이상 200℃ 미만인 경우에는 20) 이하로 할 것. 다만, 인화점이 200℃ 이상인 위험물을 저장 또는 취급하는 옥외저장탱크에 있어서는 그러하지 아니하다.
- 제1석유류라 함은 아세톤, 휘발유 그 밖에 1기압에서 인화점이 섭씨 21도 미만인 것을 말한다.

정답 (1) 80,000m² 이하
(2) 10기 이하
(3) 인화점 200℃ 이상인 위험물을 저장 또는 취급하는 경우

09

제4류 위험물인 아세트알데하이드에 대하여 다음 물음에 답하시오.

(1) 옥외탱크저장소 중 압력탱크 외의 탱크에 저장할 경우 저장소의 온도를 쓰시오.
(2) 아세트알데하이드의 연소범위가 4.1 ~ 57%일 경우 위험도를 구하시오.
(3) 아세트알데하이드가 공기 중에서 산화 시 생성되는 물질의 명칭을 쓰시오.

> **아세트알데하이드 - 제4류 위험물**
> - 아세트알데하이드는 인화점이 -38℃, 비점이 21℃인 특수인화물이다.
> - 위험도: $\dfrac{연소상한 - 연소하한}{연소하한} = \dfrac{57 - 4.1}{4.1} = 12.90$
> - 아세트알데하이드의 산화반응식: $2CH_3CHO + O_2 \rightarrow 2CH_3COOH$
> - 아세트알데하이드는 산소에 의해 산화되어 아세트산이 발생된다.
> - 아세트알데하이드등의 저장온도
>
> | 위험물 종류 | | 옥외저장탱크, 옥내저장탱크, 지하저장탱크 | | 이동저장탱크 | |
> |---|---|---|---|---|---|
> | | | 압력탱크 외의 탱크 | 압력탱크 | 보냉장치 × | 보냉장치 ○ |
> | 아세트알데하이드등 | 아세트알데하이드 | 15℃ 이하 | 40℃ 이하 | | 비점 이하 |
> | | 산화프로필렌 | 30℃ 이하 | | | |
> | 다이에틸에터등 | | 30℃ 이하 | | | |

정답 (1) 15℃ 이하 (2) 12.9 (3) 아세트산(초산)

10

다음은 이동탱크저장소에 의한 위험물 운송 시 준수해야 하는 사항이다. 빈칸에 들어갈 알맞은 말을 쓰시오.

> 위험물운송자는 장거리(고속국도에 있어서는 (①)km 이상, 그 밖의 도로에 있어서는 (②)km 이상을 말한다)에 걸치는 운송을 하는 때에는 2명 이상의 운전자로 할 것. 다만, 다음에 해당하는 경우에는 그러하지 아니하다.
> - (③)를 동승시키는 경우
> - 운송하는 위험물이 (④) 위험물, 제3류 위험물(칼슘 또는 알루미늄의 탄화물과 이것만을 함유한 것에 한한다) 또는 제4류 위험물(특수인화물을 제외한다)인 경우
> - 운송 도중에 (⑤) 이상씩 휴식하는 경우

이동탱크저장소에 의한 위험물의 운송 시 준수 기준(위험물안전관리법 시행규칙 별표 21)
위험물운송자는 장거리(고속국도에 있어서는 340km 이상, 그 밖의 도로에 있어서는 200km 이상을 말한다)에 걸치는 운송을 하는 때에는 2명 이상의 운전자로 할 것. 다만, 다음에 해당하는 경우에는 그러하지 아니하다.
- 운송책임자를 동승시킨 경우
- 운송하는 위험물이 제2류 위험물·제3류 위험물(칼슘 또는 알루미늄의 탄화물과 이것만을 함유한 것에 한한다) 또는 제4류 위험물(특수인화물을 제외한다)인 경우
- 운송도중에 2시간 이내마다 20분 이상씩 휴식하는 경우

정답 ① 340 ② 200 ③ 운송책임자 ④ 제2류 ⑤ 2시간 이내마다 20분

11

분자량 78, 인화점 −11℃인 위험물에 대하여 다음 물음에 답하시오.

(1) 위험물의 명칭
(2) 구조식
(3) 집유설비에 설치해야 하는 장치

- 벤젠(C_6H_6)은 분자량이 78이며 인화점이 −11℃인 위험물로, 주로 유기 용제, 연료 첨가제, 화학 원료 등으로 사용한다.
- 벤젠은 화학식 C_6H_6이고 육각형 고리에 탄소와 수소가 번갈아가며 연결되어 있는 구조이므로 구조식은 다음과 같이 그릴 수 있다.

- 옥외설비의 바닥 기준(위험물안전관리법 시행규칙 별표 4)
위험물(온도 20℃의 물 100g에 용해되는 양이 1g 미만인 것에 한한다)을 취급하는 설비에 있어서는 당해 위험물이 직접 배수구에 흘러들어가지 아니하도록 집유설비에 유분리장치를 설치하여야 한다.

정답 (1) 벤젠 (2)   (3) 유분리장치

12 빈출

위험물안전관리법령상 동식물유류를 아이오딘값에 따라 분류하고 해당 범위를 쓰시오.

아이오딘값에 따른 동식물유류의 구분

품명	아이오딘값	종류
건성유	130 이상	대구유, 정어리유, 상어유, 해바라기유, 동유, 아마인유, 들기름
반건성유	100 초과 130 미만	면실유, 청어유, 쌀겨유, 옥수수유, 채종유, 참기름, 콩기름
불건성유	100 이하	소기름, 돼지기름, 고래기름, 올리브유, 팜유, 땅콩기름, 피마자유, 야자유

정답 건성유: 130 이상
반건성유: 100 초과 130 미만
불건성유: 100 이하

13 빈출

다음 분말 소화약제의 분해반응식을 쓰시오.

(1) 제1종 분말 소화약제
(2) 제2종 분말 소화약제
(3) 제3종 분말 소화약제

분말 소화약제의 종류

약제명	주성분	분해식	색상	적응화재
제1종	탄산수소나트륨	$2NaHCO_3 \rightarrow Na_2CO_3 + CO_2 + H_2O$	백색	BC
제2종	탄산수소칼륨	$2KHCO_3 \rightarrow K_2CO_3 + CO_2 + H_2O$	보라색 (담회색)	BC
제3종	인산암모늄	1차: $NH_4H_2PO_4 \rightarrow NH_3 + H_3PO_4$ 2차: $NH_4H_2PO_4 \rightarrow NH_3 + HPO_3 + H_2O$	담홍색	ABC
제4종	탄산수소칼륨+요소	–	회색	BC

정답 (1) $2NaHCO_3 \rightarrow Na_2CO_3 + CO_2 + H_2O$
(2) $2KHCO_3 \rightarrow K_2CO_3 + CO_2 + H_2O$
(3) $NH_4H_2PO_4 \rightarrow NH_3 + HPO_3 + H_2O$

14 ✈빈출

제2류 위험물 중 마그네슘에 대하여 다음 물음에 답하시오.

(1) 지름 (①)mm 이상의 막대 모양 제외, 지름 (②)mm 미만의 마그네슘이 위험물에 해당된다.
(2) 위험등급
(3) 염산과의 화학반응식
(4) 물과의 화학반응식

---

(1) 위험물에 해당되는 마그네슘
  • 위험물 및 지정수량(위험물안전관리법 시행령 별표 1)
  마그네슘 및 마그네슘을 함유한 것에 있어서는 다음의 1에 해당하는 것은 제외한다.
   - 2밀리미터의 체를 통과하지 아니하는 덩어리 상태의 것
   - 지름 2밀리미터 이상의 막대 모양의 것
(2) 마그네슘의 위험등급

위험물	분자식	품명	지정수량	위험등급
마그네슘	Mg	제2류 위험물	500kg	III

(3) 마그네슘과 염산의 반응식
  • $Mg + 2HCl \rightarrow MgCl_2 + H_2$
  • 마그네슘은 염산과 반응하여 염화마그네슘과 수소를 발생한다.
(4) 마그네슘과 물의 반응식
  • $Mg + 2H_2O \rightarrow Mg(OH)_2 + H_2$
  • 마그네슘은 물과 반응하여 수산화마그네슘과 수소를 발생한다.

정답
(1) ① 2 ② 2
(2) III
(3) $Mg + 2HCl \rightarrow MgCl_2 + H_2$
(4) $Mg + 2H_2O \rightarrow Mg(OH)_2 + H_2$

15

다음 [보기]에서 혼재 가능한 위험물을 모두 골라 쓰시오.

─[보기]─
(1) 제2류 위험물
(2) 제3류 위험물
(3) 제4류 위험물

위험물 혼재기준(지정수량 1/10배 초과)(위험물안전관리법 시행규칙 별표 19)			
1	6		혼재 가능
2	5	4	혼재 가능
3	4		혼재 가능

정답
(1) 제4류 위험물, 제5류 위험물
(2) 제4류 위험물
(3) 제2류 위험물, 제3류 위험물, 제5류 위험물

16

다음 [보기]에서 인화점이 섭씨 21도 이상 70도 미만이면서 수용성인 물질을 모두 골라 쓰시오.

─[보기]─
메틸알코올, 아세트산, 포름산, 글리세린, 나이트로벤젠

제2석유류(등유, 경유 그 밖에 1기압에서 인화점이 섭씨 21도 이상 70도 미만인 것)				
품명		지정수량(L)	위험물	분자식
제2석유류	비수용성	1,000	등유	-
			경유	-
			스타이렌	-
			크실렌	-
			클로로벤젠	C_6H_5Cl
	수용성	2,000	아세트산	CH_3COOH
			포름산	$HCOOH$
			하이드라진	N_2H_4

정답 아세트산, 포름산

17

다음 지정수량에 해당하는 옥외저장소의 보유공지를 쓰시오.

(1) 지정수량의 10배 이하
(2) 지정수량의 20배 초과 50배 이하

옥외저장소의 보유공지(위험물안전관리법 시행규칙 별표 11)

저장 또는 취급하는 위험물의 최대수량	공지의 너비
지정수량의 10배 이하	3m 이상
지정수량의 10배 초과 20배 이하	5m 이상
지정수량의 20배 초과 50배 이하	9m 이상
지정수량의 50배 초과 200배 이하	12m 이상
지정수량의 200배 초과	15m 이상

정답 (1) 3m 이상 (2) 9m 이상

18 빈출

[보기]의 위험물이 반응할 때 발생하는 유독가스의 명칭을 쓰시오. (단, 발생 유독가스가 없으면 '해당 없음'이라고 쓰시오.)

―――――[보기]―――――
(1) 황린의 연소반응
(2) 황린과 수산화칼륨
(3) 인화칼슘과 물
(4) 아세트산의 연소반응
(5) 과산화바륨과 물

(1) 황린의 연소반응식
  - $P_4 + 5O_2 \rightarrow 2P_2O_5$
  - 황린은 연소하여 오산화인을 생성한다.
(2) 황린과 수산화칼륨의 반응식
  - $P_4 + 3KOH + 3H_2O \rightarrow PH_3 + 3KH_2PO_2$
  - 황린은 수산화칼륨과 반응하여 포스핀과 제이안산칼륨을 발생한다.
(3) 인화칼슘과 물의 반응식
  - $Ca_3P_2 + 6H_2O \rightarrow 3Ca(OH)_2 + 2PH_3$
  - 인화칼슘은 물과 반응하여 수산화칼슘과 포스핀을 발생한다.

(4) 아세트산의 연소반응식
- $CH_3COOH + 2O_2 \rightarrow 2CO_2 + 2H_2O$
- 아세트산은 연소하여 이산화탄소와 물을 생성한다.

(5) 과산화바륨과 물의 반응식
- $2BaO_2 + 2H_2O \rightarrow 2Ba(OH)_2 + O_2$
- 과산화바륨은 물과 반응하여 수산화바륨과 산소를 발생한다.

정답 (1) 해당 없음 (2) 포스핀 (3) 포스핀
(4) 해당 없음 (5) 해당 없음

19

다음에서 설명하는 과산화물인 제1류 위험물에 대하여 물음에 답하시오.

- 불꽃 반응 시 보라색을 나타낸다.
- 분자량 39, 인화점 -11℃인 무른 경금속이다.

(1) 물과의 화학반응식
(2) 이산화탄소와의 화학반응식
(3) 옥내저장소 바닥면적

- 과산화칼륨의 특징

위험물	품명	비중	불꽃반응 시 색	분자량	인화점	특징
과산화칼륨 (K_2O_2)	제1류 위험물 무기과산화물	2.9	보라색	39	-11℃	물과 반응하여 수산화칼륨과 산소를 발생하며 발열하므로 주수소화 금지

- 과산화칼륨과 물의 반응식: $2K_2O_2 + 2H_2O \rightarrow 4KOH + O_2$
- 과산화칼륨은 물과 반응하여 수산화칼륨과 산소를 발생한다.
- 과산화칼륨과 이산화탄소의 반응식: $2K_2O_2 + 2CO_2 \rightarrow 2K_2CO_3 + O_2$
- 과산화칼륨은 이산화탄소와 반응하여 탄산칼륨과 산소를 발생한다.
- 옥내저장소의 위치, 구조 및 설비의 기준(위험물안전관리법 시행규칙 별표 5)
제3류 위험물 중 칼륨, 나트륨, 알킬알루미늄, 알킬리튬 그 밖에 지정수량이 10kg인 위험물 및 황린을 저장하는 창고의 바닥면적은 1,000m²이다.

정답 (1) $2K_2O_2 + 2H_2O \rightarrow 4KOH + O_2$
(2) $2K_2O_2 + 2CO_2 \rightarrow 2K_2CO_3 + O_2$
(3) 1,000m²

20

위험물안전관리법령상 다음 옥외저장탱크에 대하여 물음에 답하시오.

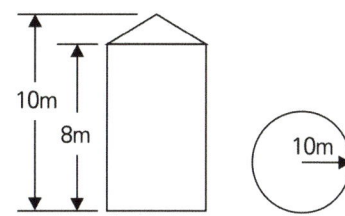

(1) 공간용적이 10%일 때 탱크의 용량(L)을 구하시오.
(2) 기술검토를 받아야 하는지 쓰시오.
(3) 완공검사를 받아야 하는지 쓰시오.
(4) 정기검사를 받아야 하는지 쓰시오.

- 종으로 설치한 원통형 탱크의 용량
  $V = \pi r^2 l \times (1 - 공간용적)$
  $= \pi \times 10^2 \times 8 \times (1 - 0.1) = 2,261,946.71L$
- 제조소등의 설치 및 변경의 허가(위험물안전관리법 시행령 제6조)
  시·도지사는 제1항에 따른 제조소등의 설치허가 또는 변경허가 신청 내용이 다음의 기준에 적합하다고 인정하는 경우에는 허가를 하여야 한다.
  - 기준: 옥외탱크저장소(저장용량이 50만 리터 이상인 것만 해당한다) 또는 암반탱크저장소의 위험물탱크의 기초·지반, 탱크본체 및 소화설비에 관한 사항이 「소방산업의 진흥에 관한 법률」 제14조에 따른 한국소방산업기술원의 기술검토를 받고 그 결과가 행정안전부령으로 정하는 기준에 적합한 것으로 인정될 것
- 기술검토의 신청 등(위험물안전관리법 시행규칙 제9조)
  기술검토를 미리 받으려는 자는 다음 각 호의 구분에 따른 신청서(전자문서로 된 신청서를 포함한다)와 서류(전자문서를 포함한다)를 기술원에 제출하여야 한다.
- 완공검사(위험물안전관리법 제9조)
  규정에 따른 허가를 받은 자가 제조소등의 설치를 마쳤거나 그 위치·구조 또는 설비의 변경을 마친 때에는 당해 제조소등마다 시·도지사가 행하는 완공검사를 받아 제5조제4항의 규정에 따른 기술기준에 적합하다고 인정받은 후가 아니면 이를 사용하여서는 아니된다.
- 정기검사의 대상인 제조소등(위험물안전관리법 시행령 제17조)
  "대통령령으로 정하는 제조소등"이란 액체위험물을 저장 또는 취급하는 50만 리터 이상의 옥외탱크저장소를 말한다.

정답 (1) 2,261,946.71L
(2) 받아야 한다.
(3) 받아야 한다.
(4) 받아야 한다.

CHAPTER 13
2021 제4회 실기[필답형] 기출복원문제

01

다음에서 설명하는 물질에 대하여 각 물음에 답하시오.

- 제3류 위험물 중 지정수량 300kg
- 분자량 64
- 비중 2.2
- 질소와 반응하여 석회질소 생성

(1) 화학식
(2) 물과의 화학반응식
(3) 발생되는 기체의 완전연소반응식

---

(1) 탄화칼슘의 화학식
  - 탄화칼슘(CaC_2)은 제3류 위험물에 속하며, 지정수량 300kg, 분자량 64, 비중 2.2를 가진다.
  - 탄화칼슘과 질소의 반응식: $CaC_2 + N_2 \rightarrow CaCN_2 + C$
  - 탄화칼슘은 질소와 반응하여 석회질소를 생성한다.
(2) 탄화칼슘과 물의 반응식
  - $CaC_2 + 2H_2O \rightarrow Ca(OH)_2 + C_2H_2$
  - 탄화칼슘은 물과 반응하여 수산화칼슘과 아세틸렌 가스를 발생한다.
(3) 아세틸렌의 완전연소반응식
  - $2C_2H_2 + 5O_2 \rightarrow 4CO_2 + 2H_2O$
  - 아세틸렌은 연소하여 이산화탄소와 물을 생성한다.

정답
(1) CaC_2
(2) $CaC_2 + 2H_2O \rightarrow Ca(OH)_2 + C_2H_2$
(3) $2C_2H_2 + 5O_2 \rightarrow 4CO_2 + 2H_2O$

02 ✈빈출

다음 [보기] 중 위험등급 II인 위험물의 지정수량 배수의 합을 구하시오.

―[보기]―
황 100kg, 질산염류 600kg, 나트륨 100kg, 철분 50kg, 등유 6,000L

- 위험물별 품명 및 위험등급

위험물	품명	위험등급
황	제2류 위험물	II
질산염류	제1류 위험물	II
나트륨	제3류 위험물	I
철분	제2류 위험물	III
등유	제4류 위험물	III

- 황의 지정수량은 100kg, 질산염류 지정수량은 300kg이므로 지정수량 배수의 합은 $\frac{100}{100} + \frac{600}{300} = 3$배이다.

정답 3

03 ✈빈출

제6류 위험물 중 갈색병에 저장하는 위험물에 대하여 다음 물음에 답하시오.

(1) 화학식
(2) 지정수량
(3) 위험물 기준
(4) 분해반응식

질산(HNO_3)의 특징	
품명	제6류 위험물
지정수량	300kg
위험물 기준	비중 1.49 이상
일반적 성질	단백질과 크산토프로테인반응을 일으켜 노란색으로 변함
위험성	물과 반응하여 발열, 빛에 의해 분해되어 이산화질소 생성
저장 및 소화	햇빛에 의해 분해되므로 갈색병에 보관
분해반응식	$4HNO_3 \rightarrow 2H_2O + 4NO_2 + O_2$ (질산은 분해되어 물, 이산화질소, 산소를 생성)

정답
(1) HNO_3
(2) 300kg
(3) 비중 1.49 이상
(4) $4HNO_3 \rightarrow 2H_2O + 4NO_2 + O_2$

04

다음 [보기]의 위험물 중 위험도가 가장 높은 위험물과 그 위험도를 구하시오.

―――――――――――[보기]―――――――――――
메틸에틸케톤, 아세톤, 다이에틸에터, 아닐린

(1) 위험물
(2) 위험도

- 위험도 = $\dfrac{\text{연소상한} - \text{연소하한}}{\text{연소하한}}$
- 위험물별 위험도

위험물	연소범위	위험도
메틸에틸케톤	1.8 ~ 11.5%	$\dfrac{11.5 - 1.8}{1.8} = 5.39$
아세톤	2.5 ~ 12.8%	$\dfrac{12.8 - 2.5}{2.5} = 4.12$
다이에틸에터	1.9 ~ 48%	$\dfrac{48 - 1.9}{1.9} = 24.26$
아닐린	1.3 ~ 11%	$\dfrac{11 - 1.3}{1.3} = 7.46$

정답 (1) 다이에틸에터
(2) 24.26

05

위험물안전관리법령상 수원의 수량을 구하시오.

(1) 옥외소화전 3개
(2) 옥외소화전 6개

- 옥외소화전 수원의 수량을 구하기 위해 다음의 식을 이용한다.
  수원의 양(Q) = 설치 개수(최대 4개) × 13.5m³
- 옥외소화전설비를 3개 설치할 때 수원의 수량: 3 × 13.5m³ = 40.5m³
- 옥외소화전설비를 6개 설치할 때 수원의 수량: 4 × 13.5m³ = 54m³

정답 (1) 40.5m³
(2) 54m³

06 빈출

위험물안전관리법령에 따른 위험물의 저장, 취급에 관한 중요기준에 따라 [보기]의 위험물에 대하여 다음 물음에 답하시오.

[보기]
- 불꽃, 불티, 고온체와의 접근이나 과열, 충격 또는 마찰을 피하여야 한다.
- 옥내저장소에서는 용기에 수납하여 저장하는 위험물의 온도가 55℃를 넘지 아니하도록 필요한 조치를 강구하여야 한다.

(1) 운반용기 외부에 표시하여야 하는 주의사항
(2) 해당 위험물과 혼재 가능한 위험물의 유별(단, 지정수량 1/10배를 초과한다.)

위험물의 유별 저장 및 취급의 공통기준(위험물안전관리법 시행규칙 별표 18)
- 제5류 위험물은 불티·불꽃·고온체와의 접근이나 과열·충격 또는 마찰을 피하여야 한다.
- 옥내저장소에서는 용기에 수납하여 저장하는 위험물의 온도가 55℃를 넘지 아니하도록 필요한 조치를 강구하여야 한다(중요기준).

위험물 유별 운반용기 외부 주의사항 및 게시판(위험물안전관리법 시행규칙 별표 4, 별표 19)

유별	종류	운반용기 외부 주의사항	게시판
제1류	알칼리금속과산화물	가연물접촉주의, 화기·충격주의, 물기엄금	물기엄금
	그 외	가연물접촉주의, 화기·충격주의	-
제2류	철분, 금속분, 마그네슘	화기주의, 물기엄금	화기주의
	인화성 고체	화기엄금	화기엄금
	그 외	화기주의	화기주의
제3류	자연발화성 물질	화기엄금, 공기접촉엄금	화기엄금
	금수성 물질	물기엄금	물기엄금
제4류		화기엄금	화기엄금
제5류	-	화기엄금, 충격주의	화기엄금
제6류		가연물접촉주의	-

위험물 혼재기준(지정수량 1/10배 초과)(위험물안전관리법 시행규칙 별표 19)

1	6			혼재 가능
2	5		4	혼재 가능
3	4			혼재 가능

정답
(1) 화기엄금, 충격주의
(2) 제2류 위험물, 제4류 위험물

07

위험물제조소에 다음 수량의 위험물을 저장할 때 필요한 최소 보유공지를 쓰시오.

(1) 지정수량의 1배
(2) 지정수량의 5배
(3) 지정수량의 10배
(4) 지정수량의 50배
(5) 지정수량의 200배

위험물제조소의 보유공지(위험물안전관리법 시행규칙 별표 4)	
취급하는 위험물의 최대수량	공지의 너비
지정수량의 10배 이하	3m 이상
지정수량의 10배 초과	5m 이상

정답 (1) 3m (2) 3m (3) 3m (4) 5m (5) 5m

08

지하탱크저장소에 대하여 다음 빈칸에 알맞은 말을 쓰시오.

- 탱크전용실은 지하의 가장 가까운 벽, 피트, 가스관 등의 시설물 및 대지경계선으로부터 (①)m 이상 떨어진 곳에 설치하여야 한다.
- 지하저장탱크의 윗부분은 지면으로부터 (②)m 이상 아래에 있어야 한다.
- 지하저장탱크를 2 이상 인접에 설치하는 경우에는 그 상호 간에 (③)m(당해 2 이상의 지하저장탱크의 용량의 합계가 지정수량의 100배 이하인 때에는 (④)m) 이상의 간격을 유지하여야 한다. 다만, 그 사이에 탱크전용실의 벽이나 두께 (⑤)cm 이상의 콘크리트 구조물이 있는 경우에는 그러하지 아니하다.

지하탱크저장소의 위치, 구조 및 설비의 기준(위험물안전관리법 시행규칙 별표 8)
- 탱크전용실은 지하의 가장 가까운 벽·피트·가스관 등의 시설물 및 대지경계선으로부터 0.1m 이상 떨어진 곳에 설치하고, 지하저장탱크와 탱크전용실의 안쪽과의 사이는 0.1m 이상의 간격을 유지하도록 하며, 당해 탱크의 주위에 마른 모래 또는 습기 등에 의하여 응고되지 아니하는 입자지름 5mm 이하의 마른 자갈분을 채워야 한다.
- 지하저장탱크의 윗부분은 지면으로부터 0.6m 이상 아래에 있어야 한다.
- 지하저장탱크를 2 이상 인접해 설치하는 경우에는 그 상호간에 1m(당해 2 이상의 지하저장탱크의 용량의 합계가 지정수량의 100배 이하인 때에는 0.5m) 이상의 간격을 유지하여야 한다. 다만, 그 사이에 탱크전용실의 벽이나 두께 20cm 이상의 콘크리트 구조물이 있는 경우에는 그러하지 아니하다.

정답 ① 0.1 ② 0.6 ③ 1 ④ 0.5 ⑤ 20

09 ⭐빈출

위험물안전관리법령에서 정한 저장에 관한 중요기준 중, 유별을 달리하는 위험물은 동일한 저장소에 저장하지 아니하여야 한다. 단, 옥내저장소 또는 옥외저장소에 있어서 적절한 조치를 한 경우에는 저장이 가능하다. 옥내저장소에서 동일한 실에 저장할 수 있는 유별을 바르게 연결한 것을 골라 쓰시오.

[보기]

(가) 과산화나트륨 – 과산화벤조일
(나) 질산염류 – 과염소산
(다) 황린 – 제1류 위험물
(라) 인화성 고체 – 제1석유류
(마) 황 – 제4류 위험물

유별을 달리하더라도 1m 이상 간격을 둘 때 저장 가능한 경우(위험물안전관리법 시행규칙 별표 18)
- 혼재 가능한 경우는 다음과 같다.
  - 제1류 위험물(알칼리금속의 과산화물 또는 이를 함유한 것 제외)과 제5류 위험물
  - 제1류 위험물과 제6류 위험물
  - 제1류 위험물과 제3류 위험물 중 자연발화성 물질(황린 또는 이를 함유한 것)
  - 제2류 위험물 중 인화성 고체와 제4류 위험물
  - 제3류 위험물 중 알킬알루미늄등과 제4류 위험물(알킬알루미늄 또는 알킬리튬을 함유한 것)
  - 제4류 위험물 중 유기과산화물 또는 이를 함유한 것과 제5류 위험물 중 유기과산화물 또는 이를 함유한 것
- 과산화나트륨은 제1류 위험물 중 알칼리금속의 과산화물이고 과산화벤조일은 제5류 위험물이므로 혼재 불가하다.
- 황은 제2류 위험물이고 제4류 위험물과 혼재 불가하다.

정답 (나), (다), (라)

10

다음은 알코올류의 산화 환원 반응이다. 다음 물음에 답하시오.

$$CH_3OH \xrightarrow{\text{산화}(-2H)} HCOH \xrightarrow{\text{산화}(+O)} (가)$$
$$C_2H_5OH \xrightarrow{\text{산화}(-2H)} (나) \xrightarrow{\text{산화}(+O)} CH_3COOH$$

(1) (가)의 물질명 및 화학식을 쓰시오.
(2) (나)의 물질명 및 화학식을 쓰시오.
(3) (가), (나) 물질 중에서 지정수량이 작은 물질의 연소반응식을 쓰시오.

- 메틸알코올(CH_3OH)은 산화 반응에서 탄소-수소 결합이 끊어지고 산소가 추가되어 포름산($HCOOH$)으로 변환된다.
- 에틸알코올(C_2H_5OH)은 산화 과정에서 탄소-수소 결합이 끊어지고 산소가 추가되어 아세트알데하이드(CH_3CHO)로 변환된다.
- 포름산($HCOOH$)은 제2석유류로 지정수량은 2,000L이고, 아세트알데하이드(CH_3CHO)는 특수인화물로 지정수량은 50L이다.
- 아세트알데하이드의 연소반응식: $2CH_3CHO + 5O_2 \rightarrow 4CO_2 + 4H_2O$
  아세트알데하이드는 연소하여 이산화탄소와 물을 생성한다.

정답 (1) 포름산, $HCOOH$
(2) 아세트아데하이드, CH_3CHO
(3) $2CH_3CHO + 5O_2 \rightarrow 4CO_2 + 4H_2O$

11

다음 위험물과 물의 반응식을 쓰시오.

(1) 탄화칼슘
(2) 탄화알루미늄

(1) 탄화칼슘과 물의 반응식
- $CaC_2 + 2H_2O \rightarrow Ca(OH)_2 + C_2H_2$
- 탄화칼슘은 물과 반응하여 수산화칼슘과 아세틸렌을 발생한다.
(2) 탄화알루미늄과 물의 반응식
- $Al_4C_3 + 12H_2O \rightarrow 4Al(OH)_3 + 3CH_4$
- 탄화알루미늄은 물과 반응하여 수산화알루미늄과 메탄을 발생한다.

정답 (1) $CaC_2 + 2H_2O \rightarrow Ca(OH)_2 + C_2H_2$
(2) $Al_4C_3 + 12H_2O \rightarrow 4Al(OH)_3 + 3CH_4$

12 ★빈출

금속나트륨에 대하여 다음 물음에 답하시오.
(1) 지정수량
(2) 저장방법
(3) 물과의 반응식

> **나트륨(Na) - 제3류 위험물**
> • 금속나트륨은 제3류 위험물로 지정수량은 10kg이다.
> • 금속나트륨과 물의 반응식: $2Na + 2H_2O \rightarrow 2NaOH + H_2$
>   금속나트륨은 물과 반응하여 수산화나트륨과 수소를 발생한다.
> • 이때, 발생되는 수소는 폭발의 위험이 있으므로 물과 접촉하지 않고 석유류에 넣어 보관한다.

정답
(1) 10kg
(2) 석유류에 저장
(3) $2Na + 2H_2O \rightarrow 2NaOH + H_2$

13 ★빈출

다음 [보기]에서 연소생성물이 같은 위험물을 고르고 연소반응식을 각각 쓰시오.

―――――――――[보기]―――――――――
적린, 삼황화인, 오황화인, 황, 철, 마그네슘

위험물	연소반응식
적린	• $4P + 5O_2 \rightarrow 2P_2O_5$ • 적린은 연소하여 오산화인을 생성한다.
삼황화인	• $P_4S_3 + 8O_2 \rightarrow 2P_2O_5 + 3SO_2$ • 삼황화인은 연소하여 오산화인과 이산화황을 생성한다.
오황화인	• $2P_2S_5 + 15O_2 \rightarrow 2P_2O_5 + 10SO_2$ • 오황화인은 연소하여 오산화인과 이산화황을 생성한다.
황	• $S + O_2 \rightarrow SO_2$ • 황은 연소하여 이산화황을 생성한다.
철	• $4Fe + 3O_2 \rightarrow 2Fe_2O_3$ • 철은 연소하여 삼산화이철을 생성한다.
마그네슘	• $2Mg + O_2 \rightarrow 2MgO$ • 마그네슘은 연소하여 산화마그네슘을 생성한다.

정답
삼황화인: $P_4S_3 + 8O_2 \rightarrow 2P_2O_5 + 3SO_2$
오황화인: $2P_2S_5 + 15O_2 \rightarrow 2P_2O_5 + 10SO_2$

14 빈출

트라이에틸알루미늄과 물을 반응시켰을 때 다음 물음에 답하시오.

(1) 화학반응식
(2) 발생하는 기체의 명칭

> **트라이에틸알루미늄과 물의 반응식**
> - $(C_2H_5)_3Al + 3H_2O \rightarrow Al(OH)_3 + 3C_2H_6$
> - 트라이에틸알루미늄은 물과 반응하여 수산화알루미늄과 에탄을 발생한다.

정답
(1) $(C_2H_5)_3Al + 3H_2O \rightarrow Al(OH)_3 + 3C_2H_6$
(2) 에탄

15 빈출

제4류 위험물 중 제1석유류를 이용하여 TNT를 만드는 화학반응식을 쓰시오.

> **트라이나이트로톨루엔(TNT) 제조반응식**
> - $C_6H_5CH_3 + 3HNO_3 \xrightarrow{H_2SO_4} C_6H_2(NO_2)_3CH_3 + 3H_2O$
> - 톨루엔을 진한 질산과 진한 황산으로 나이트로화하여 제조한다.

정답 $C_6H_5CH_3 + 3HNO_3 \xrightarrow{H_2SO_4} C_6H_2(NO_2)_3CH_3 + 3H_2O$

16

다음 [보기]에서 제1류 위험물의 공통적인 특성으로 옳은 것을 모두 골라 쓰시오.

―――――[보기]―――――
무기화합물, 유기화합물, 산화제, 인화점 0℃ 이상, 고체, 액체

- 제1류 위험물은 산화성 고체로 강산화성 물질이며 산화제 역할을 한다.
- 제1류 위험물은 무기화합물로 화학반응에서 산화제 역할을 하고 탄소와 수소의 결합체를 기본으로 구성된다.

정답 무기화합물, 산화제, 고체

17 빈출

다음 분말 소화약제의 분해반응식을 쓰시오.

(1) 제1종 분말 소화약제
(2) 제2종 분말 소화약제
(3) 제3종 분말 소화약제

분말 소화약제의 종류

약제명	주성분	분해식	색상	적응화재
제1종	탄산수소나트륨	$2NaHCO_3 \rightarrow Na_2CO_3 + CO_2 + H_2O$	백색	BC
제2종	탄산수소칼륨	$2KHCO_3 \rightarrow K_2CO_3 + CO_2 + H_2O$	보라색 (담회색)	BC
제3종	인산암모늄	1차: $NH_4H_2PO_4 \rightarrow NH_3 + H_3PO_4$ 2차: $NH_4H_2PO_4 \rightarrow NH_3 + HPO_3 + H_2O$	담홍색	ABC
제4종	탄산수소칼륨 + 요소	-	회색	BC

정답
(1) $2NaHCO_3 \rightarrow Na_2CO_3 + CO_2 + H_2O$
(2) $2KHCO_3 \rightarrow K_2CO_3 + CO_2 + H_2O$
(3) $NH_4H_2PO_4 \rightarrow NH_3 + H_3PO_4$

18 빈출

공간용적이 5/100인 다음 탱크의 용량(L)은 얼마인지 구하시오.

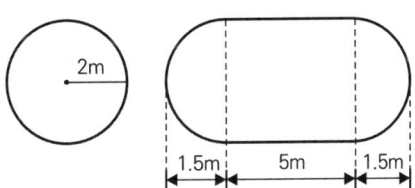

(1) 계산과정
(2) 답

- 탱크용량 = 탱크내용적 - 공간용적 = (탱크의 내용적) × (1 - 공간용적비율)
- $V = \pi r^2 (l + \dfrac{l_1 + l_2}{3})(1 - 공간용적)$
- 원의 면적 × (가운데 체적길이 + $\dfrac{양끝 체적길이 합}{3}$) × (1 - 공간용적)
- $\pi \times 2^2 \times (5 + \dfrac{1.5 + 1.5}{3}) \times (1 - 0.05) = 71.62831 m^3 = 71,628.31 L$

정답
(1) [해설참조]
(2) 71,628.31L

19

위험물안전관리법에 따른 이동탱크저장소의 주입설비 설치기준에 대하여 다음 빈칸에 알맞은 말을 쓰시오.

- 위험물이 샐 우려가 없고 화재예방상 안전한 구조로 할 것
- 주입설비의 길이는 (①)m 이내로 하고, 그 끝부분에 축적되는 (②)를 유효하게 제거할 수 있는 장치를 할 것
- 분당배출량은 (③)L 이하로 할 것

이동탱크저장소의 주입설비 설치기준(위험물안전관리법 시행규칙 별표 10)
- 위험물이 샐 우려가 없고 화재예방상 안전한 구조로 할 것
- 주입설비의 길이는 50m 이내로 하고, 그 끝부분에 축적되는 정전기를 유효하게 제거할 수 있는 장치를 할 것
- 분당 배출량은 200L 이하로 할 것

정답 ① 50 ② 정전기 ③ 200

20

다음은 위험물 옥내탱크저장소의 탱크전용실 및 펌프설비에 관한 내용이다. 다음 빈칸에 알맞은 말을 쓰시오.

- 펌프실은 상층이 있는 경우에 있어서 상층의 바닥을 내화구조로 하고, 상층이 없는 경우에 있어서는 지붕을 (①)로 하며 천장을 설치하지 아니할 것
- 펌프실의 출입구에는 (②)을 설치할 것(단, 제6류 위험물이 아니다)
- 탱크전용실에 펌프설비를 설치하는 경우에는 견고한 기초 위에 고정한 다음 그 주위에는 불연재료로 된 턱을 (③)m 이상의 높이로 설치하는 등 누설된 위험물이 유출되거나 유입되지 아니하도록 하는 조치를 할 것
- 액상의 위험물의 옥내저장탱크를 설치하는 탱크전용실의 바닥은 위험물이 침투하지 아니하는 구조로 하고, 적당한 경사를 두는 한편, (④)를 설치할 것
- 탱크전용실의 창 또는 출입구에 유리를 이용하는 경우에는 (⑤)로 할 것

옥내탱크저장소의 위치, 구조 및 설비의 기준(위험물안전관리법 시행규칙 별표 7)
- 펌프실은 상층이 있는 경우에 있어서는 상층의 바닥을 내화구조로 하고, 상층이 없는 경우에 있어서는 지붕을 불연재료로 하며, 천장을 설치하지 아니할 것
- 펌프실의 출입구에는 60분+ 방화문 또는 60분 방화문을 설치할 것. 다만, 제6류 위험물의 탱크전용실에 있어서는 30분 방화문을 설치할 수 있다.
- 탱크전용실에 펌프설비를 설치하는 경우에는 견고한 기초 위에 고정한 다음 그 주위에는 불연재료로 된 턱을 0.2m 이상의 높이로 설치하는 등 누설된 위험물이 유출되거나 유입되지 아니하도록 하는 조치를 할 것
- 탱크전용실의 창 또는 출입구에 유리를 이용하는 경우에는 망입유리로 할 것
- 액상의 위험물의 옥내저장탱크를 설치하는 탱크전용실의 바닥은 위험물이 침투하지 아니하는 구조로 하고, 적당한 경사를 두는 한편, 집유설비를 설치할 것

정답
① 불연재료
② 60분 + 방화문 또는 60분 방화문
③ 0.2
④ 집유설비
⑤ 망입유리

CHAPTER 14
2021 제2회 실기[필답형] 기출복원문제

01
덩어리 상태의 황 30,000kg을 300m²의 옥외저장소에 저장하였다. 다음 물음에 답하시오.
(1) 나누어야 하는 구역은 몇 개인지 쓰시오.
(2) 경계표지의 간격을 몇 m 이상으로 하여야 하는지 쓰시오.

> **옥외저장소의 위치, 구조 및 설비의 기준(위험물안전관리법 시행규칙 별표 11)**
> - 옥외저장소 중 덩어리 상태의 황만을 지반면에 설치한 경계표시의 안쪽에서 저장 또는 취급하는 것의 위치·구조 및 설비의 기술기준은 다음과 같다.
>   - 하나의 경계표시의 내부의 면적은 100m² 이하일 것
>   - 인접하는 경계표시와 경계표시와의 간격은 저장 또는 취급하는 위험물의 최대수량이 지정수량의 200배 이상인 경우에는 10m 이상으로 하여야 한다.
> - 황을 300m²의 옥외저장소에 저장하였으므로 나누어야 하는 구역은 $\frac{300}{100}$ = 3개이다.
> - 황은 제2류 위험물로 지정수량 100kg이다. 지정수량의 배수는 $\frac{30,000}{100}$ = 300배로 200배 이상이므로 경계표지의 간격을 10m 이상으로 한다.

 (1) 3개
(2) 10m 이상

02 ★빈출

질산암모늄 800g이 열분해되는 경우 발생기체의 부피는 1기압 600℃에서 몇 L인지 구하시오.

- 질산암모늄의 열분해반응식: $2NH_4NO_3 \rightarrow 2N_2 + O_2 + 4H_2O$
- 2mol의 질산암모늄은 열분해하여 2mol의 질소, 1mol의 산소, 4mol의 물을 생성한다.
- 이상기체방정식을 이용하여 발생기체의 부피를 구하기 위해 $PV = \dfrac{wRT}{M}$의 식을 사용한다.
- 질산암모늄과 발생기체의 비율은 2 : 7 이므로 다음과 같은 식이 된다.

  $V = \dfrac{wRT}{P \times M} = \dfrac{800g \times 0.082 \times 873K}{1 \times 80g/mol} \times \dfrac{7}{2} = 2,505.51L$

  - P: 압력(1atm)
  - w: 질량 → 800g
  - M: 분자량 → 질산암모늄(NH_4NO_3)의 분자량 = $(14 \times 2) + (1 \times 4) + (16 \times 3) = 80g/mol$ (N 원자량: 14, H 원자량: 1, O 원자량: 16)
  - R: 기체상수(0.082L · atm/mol · K)
  - T: 절대온도(K, 절대온도로 변환하기 위해 273을 더한다.) → 600 + 273 = 873K

정답 2,505.51L

03 ★빈출

칼륨과 다음 물질의 화학반응식을 쓰시오.

(1) 물
(2) 에틸알코올
(3) 이산화탄소

(1) 칼륨과 물의 반응식
  - $2K + 2H_2O \rightarrow 2KOH + H_2$
  - 칼륨은 물과 반응하여 수산화칼륨과 수소를 발생한다.
(2) 칼륨과 에틸알코올의 반응식
  - $2K + 2C_2H_5OH \rightarrow 2C_2H_5OK + H_2$
  - 칼륨은 에틸알코올과 반응하여 칼륨에틸레이트와 수소를 발생한다.
(3) 칼륨과 이산화탄소의 반응식
  - $4K + 3CO_2 \rightarrow 2K_2CO_3 + C$
  - 칼륨은 이산화탄소와 반응하여 탄산칼륨과 탄소를 발생한다.

정답
(1) $2K + 2H_2O \rightarrow 2KOH + H_2$
(2) $2K + 2C_2H_5OH \rightarrow 2C_2H_5OK + H_2$
(3) $4K + 3CO_2 \rightarrow 2K_2CO_3 + C$

04

위험물안전관리법령에 따른 위험물의 유별 저장, 취급의 공통기준에 대하여 다음 빈칸에 알맞은 말을 쓰시오.

- (①) 위험물은 산화제와의 접촉, 혼합이나 불티, 불꽃, 고온체와의 접근 또는 과열을 피하는 한편 철분, 금속분, 마그네슘 및 이를 함유한 것에 있어서는 물이나 산과의 접촉을 피하고 인화성 고체에 있어서는 함부로 증기를 발생시키지 아니하여야 한다.
- (②) 위험물 중 자연발화성 물질에 있어서는 불티, 불꽃 또는 고온체와의 접근, 과열 또는 공기와의 접촉을 피하고 금수성 물질에 있어서는 물과의 접촉을 피하여야 한다.
- (③) 위험물은 불티, 불꽃, 고온체와의 접근 또는 과열을 피하고, 함부로 증기를 발생시키지 아니하여야 한다.
- (④) 위험물은 가연물과의 접촉, 혼합이나 분해를 촉진하는 물품과의 접근 또는 과열, 충격, 마찰 등을 피하는 한편, 알칼리금속의 과산화물 및 이를 함유한 것에 있어서는 물과의 접촉을 피하여야 한다.
- (⑤) 위험물은 가연물과의 접촉, 혼합이나 분해를 촉진하는 물품과의 접근 또는 과열을 피하여야 한다.

위험물의 유별 저장 및 취급의 공통기준(위험물안전관리법 시행규칙 별표 18)
- 제1류 위험물은 가연물과의 접촉·혼합이나 분해를 촉진하는 물품과의 접근 또는 과열·충격·마찰 등을 피하는 한편, 알카리금속의 과산화물 및 이를 함유한 것에 있어서는 물과의 접촉을 피하여야 한다.
- 제2류 위험물은 산화제와의 접촉·혼합이나 불티·불꽃·고온체와의 접근 또는 과열을 피하는 한편, 철분·금속분·마그네슘 및 이를 함유한 것에 있어서는 물이나 산과의 접촉을 피하고 인화성 고체에 있어서는 함부로 증기를 발생시키지 아니하여야 한다.
- 제3류 위험물 중 자연발화성물질에 있어서는 불티·불꽃 또는 고온체와의 접근·과열 또는 공기와의 접촉을 피하고, 금수성 물질에 있어서는 물과의 접촉을 피하여야 한다.
- 제4류 위험물은 불티·불꽃·고온체와의 접근 또는 과열을 피하고, 함부로 증기를 발생시키지 아니하여야 한다.
- 제5류 위험물은 불티·불꽃·고온체와의 접근이나 과열·충격 또는 마찰을 피하여야 한다.
- 제6류 위험물은 가연물과의 접촉·혼합이나 분해를 촉진하는 물품과의 접근 또는 과열을 피하여야 한다.

정답 ① 제2류 ② 제3류 ③ 제4류 ④ 제1류 ⑤ 제6류

05

다음은 옥외탱크저장소 주입구 기준이다. 다음 물음에 답하시오.

> (가), (나) 그 밖에 정전기에 의한 재해가 발생할 우려가 있는 액체위험물의 옥외저장탱크의 주입구 부근에는 정전기를 유효하게 제거하기 위한 접지전극을 설치할 것

(1) (가)에 들어갈 위험물의 명칭과 지정수량을 쓰시오.
(2) (나)에 들어갈 위험물은 겨울철에 응고될 수 있고, 인화점이 -11℃인 방향족 탄화수소이다. 구조식을 그리시오.

- 액체위험물의 옥외저장탱크의 주입구의 기준(위험물안전관리법 시행규칙 별표 6)
  휘발유, 벤젠 그 밖에 정전기에 의한 재해가 발생할 우려가 있는 액체위험물의 옥외저장탱크의 주입구 부근에는 정전기를 유효하게 제거하기 위한 접지전극을 설치할 것
- 휘발유는 제4류 위험물 중 제1석유류로 지정수량은 200L이다.
- 벤젠은 화학식 C_6H_6이므로 구조식은 다음과 같이 그릴 수 있다.

정답 (1) 휘발유, 200L (2)

06

다음 [보기]의 위험물을 보고 각 물음에 답하시오.

---[보기]---
아세톤, 아닐린, 클로로벤젠, 메틸에틸케톤, 메틸알코올

(1) 제1석유류를 모두 쓰시오.
(2) 인화점이 가장 낮은 위험물의 명칭을 쓰시오.
(3) (2) 위험물의 구조식을 그리시오.

- 위험물의 품명과 인화점

위험물	품명	인화점(℃)
아세톤	제1석유류	−18
아닐린	제3석유류	70
클로로벤젠	제2석유류	27
메틸에틸케톤	제1석유류	−7
메틸알코올	알코올류	11

- 아세톤의 화학식은 CH_3COCH_3이다. 이 분자는 중앙의 탄소 원자에 두 개의 메틸 그룹(CH_3)과 하나의 산소 원자가 이중결합을 형성하고 있는 케톤 기능 그룹(C=O)을 포함하고 있다.

정답 (1) 아세톤, 메틸에틸케톤 (2) 아세톤
(3)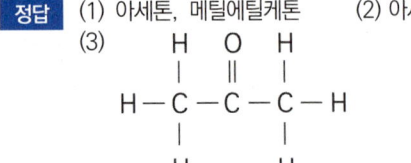

07 빈출

다음 위험물의 연소반응식을 쓰시오.

(1) 오황화인
(2) 알루미늄
(3) 마그네슘

(1) 오황화인의 연소반응식
  - $2P_2S_5 + 15O_2 \rightarrow 10SO_2 + 2P_2O_5$
  - 오황화인은 연소하여 이산화황과 오산화인을 생성한다.
(2) 알루미늄의 연소반응식
  - $4Al + 3O_2 \rightarrow 2Al_2O_3$
  - 알루미늄은 연소하여 산화알루미늄을 생성한다.
(3) 마그네슘의 연소반응식
  - $2Mg + O_2 \rightarrow 2MgO$
  - 마그네슘은 연소하여 산화마그네슘을 생성한다.

정답 (1) $2P_2S_5 + 15O_2 \rightarrow 10SO_2 + 2P_2O_5$
(2) $4Al + 3O_2 \rightarrow 2Al_2O_3$
(3) $2Mg + O_2 \rightarrow 2MgO$

08

다음은 제조소등에서의 위험물 저장 및 취급에 관한 기준이다. 다음 [보기] 중 옳은 것을 모두 고르시오.

─────────[보기]─────────
(1) 옥내저장소에서는 용기에 수납하여 저장하는 위험물의 온도가 45℃가 넘지 아니하도록 필요한 조치를 강구하여야 한다.
(2) 제3류 위험물 중 황린, 그 밖에 물속에 저장하는 물품과 금수성 물질은 동일한 저장소에 저장할 수 있다.
(3) 컨테이너식 이동탱크저장소 외의 이동탱크저장소에 있어서는 위험물을 저장한 상태로 이동저장탱크를 옮겨 싣지 아니하여야 한다.
(4) 이송취급소에서 위험물이 이송하기 위한 배관, 펌프 및 이에 부속한 설비의 안전을 확인하기 위한 순찰을 행하고, 위험물을 이송하는 중에는 이송하는 위험물의 압력 및 유량을 항상 감시할 것
(5) 제조소등에서 규정에 의한 신고와 관련되는 품명 외의 위험물 또는 이러한 허가 및 신고와 관련되는 수량 또는 지정수량의 배수를 초과하는 위험물을 저장 또는 취급하지 아니하여야 한다.

제조소등에서의 위험물의 저장 및 취급에 관한 기준(위험물안전관리법 시행규칙 별표 18)
- 옥내저장소에서는 용기에 수납하여 저장하는 위험물의 온도가 55℃를 넘지 아니하도록 필요한 조치를 강구하여야 한다(중요기준).
- 제3류 위험물 중 자연발화성물질에 있어서는 불티·불꽃 또는 고온체와의 접근·과열 또는 공기와의 접촉을 피하고, 금수성 물질에 있어서는 물과의 접촉을 피하여야 한다.
- 컨테이너식 이동탱크저장소외의 이동탱크저장소에 있어서는 위험물을 저장한 상태로 이동저장탱크를 옮겨 싣지 아니하여야 한다(중요기준).
- 이송취급소에서 위험물의 이송은 위험물을 이송하기 위한 배관·펌프 및 그에 부속한 설비(위험물을 운반하는 선박으로부터 육상으로 위험물의 이송취급을 하는 이송취급소에 있어서는 위험물을 이송하기 위한 배관 및 그에 부속된 설비를 말한다.)의 안전을 확인한 후에 개시할 것(중요기준)
- 제조소등에서 규정에 의한 허가 및 신고와 관련되는 품명 외의 위험물 또는 이러한 허가 및 신고와 관련되는 수량 또는 지정수량의 배수를 초과하는 위험물을 저장 또는 취급하지 아니하여야 한다(중요기준).

정답 (3), (5)

09 빈출

다음 위험물의 저장온도를 쓰시오.

(1) 옥외저장탱크 중 압력탱크 외의 탱크에 산화프로필렌을 저장하는 경우
(2) 옥내저장탱크 중 압력탱크 외의 탱크에 아세트알데하이드를 저장하는 경우
(3) 지하저장탱크 중 압력탱크 외의 탱크에 다이에틸에터를 저장하는 경우
(4) 옥외저장탱크 중 압력탱크에 산화프로필렌을 저장하는 경우

아세트알데하이드등의 저장기준(위험물안전관리법 시행규칙 별표 18)

위험물 종류		옥외저장탱크, 옥내저장탱크, 지하저장탱크		이동저장탱크	
		압력탱크 외	압력탱크	보냉장치 ×	보냉장치 ○
아세트알데하이드등	아세트알데하이드	15℃ 이하	40℃ 이하		비점 이하
	산화프로필렌	30℃ 이하			
다이에틸에터등		30℃ 이하			

정답 (1) 30℃ 이하 (2) 15℃ 이하
(3) 30℃ 이하 (4) 40℃ 이하

10

옥내소화전에 대하여 다음 물음에 답하시오.

(1) 건축물의 층마다 당해 층의 각 부분에서 하나의 호스접속구까지의 수평거리가 몇 m 이내가 되도록 설치해야 하는지 쓰시오.
(2) 수원의 수량은 옥내소화전이 가장 많이 설치된 층의 옥내소화전 설치개수(설치개수가 5개 이상인 경우는 5개)에 몇 m³을 곱한 양 이상이 되도록 설치해야 하는지 쓰시오.
(3) 방수압력의 최소 기준은 몇 kPa인지 쓰시오.
(4) 방수량의 최소 기준은 1분당 몇 L인지 쓰시오.

옥내소화전설비의 설치기준(위험물안전관리법 시행규칙 별표 17)
- 옥내소화전은 제조소등의 건축물의 층마다 당해 층의 각 부분에서 하나의 호스접속구까지의 수평거리가 25m 이하가 되도록 설치할 것. 이 경우 옥내소화전은 각층의 출입구 부근에 1개 이상 설치하여야 한다.
- 수원의 수량은 옥내소화전이 가장 많이 설치된 층의 옥내소화전 설치개수(설치개수가 5개 이상인 경우는 5개)에 7.8m³를 곱한 양 이상이 되도록 설치할 것
- 옥내소화전설비는 각층을 기준으로 하여 당해 층의 모든 옥내소화전(설치개수가 5개 이상인 경우는 5개의 옥내소화전)을 동시에 사용할 경우에 각 노즐끝부분의 방수압력이 350kPa 이상이고 방수량이 1분당 260L 이상의 성능이 되도록 할 것

정답 (1) 25m
(2) 7.8m³
(3) 350kPa
(4) 260L

11

물속에 넣어 보관하는 제4류 위험물 중 특수인화물에 대하여 다음 물음에 답하시오.

(1) 연소 시 생성되는 유독성 물질의 화학식
(2) 증기비중
(3) 옥외탱크에 저장할 경우 철근콘크리트 수조의 두께

> - 제4류 위험물 중 이황화탄소는 물속에 저장하여 가연성 증기 발생을 억제하는 특수인화물이다.
> - 이황화탄소의 연소반응식: $CS_2 + 3O_2 \rightarrow CO_2 + 2SO_2$
>   이황화탄소는 연소하여 이산화탄소와 유독한 기체인 이산화황(SO_2)을 생성한다.
> - 증기비중 = $\dfrac{\text{이황화탄소}(CS_2)\text{의 분자량}}{\text{공기의 평균 분자량}} = \dfrac{12 + (32 \times 2)}{29} = 2.62$
> - 옥외탱크저장소의 위치, 구조 및 설비의 기준(위험물안전관리법 시행규칙 별표 6)
>   이황화탄소의 옥외저장탱크는 벽 및 바닥의 두께가 0.2m 이상이고 누수가 되지 아니하는 철근콘크리트의 수조에 넣어 보관하여야 한다. 이 경우 보유공지·통기관 및 자동계량장치는 생략할 수 있다.

정답 (1) SO_2 (2) 2.62 (3) 0.2m 이상

12 ★빈출

위험물을 운반할 때 취급하는 위험물의 지정수량의 1/10을 초과할 경우 다음 각 유별에 따른 혼재가 불가능한 위험물을 모두 쓰시오.

(1) 제1류 위험물
(2) 제2류 위험물
(3) 제3류 위험물
(4) 제4류 위험물
(5) 제5류 위험물

위험물 혼재기준(지정수량 1/10배 초과)(위험물안전관리법 시행규칙 별표 19)

1	6		혼재 가능
2	5	4	혼재 가능
3	4		혼재 가능

정답 (1) 제2류 위험물, 제3류 위험물, 제4류 위험물, 제5류 위험물
(2) 제1류 위험물, 제3류 위험물, 제6류 위험물
(3) 제1류 위험물, 제2류 위험물, 제5류 위험물, 제6류 위험물
(4) 제1류 위험물, 제6류 위험물
(5) 제1류 위험물, 제3류 위험물, 제6류 위험물

13 ✈빈출

표준상태이며, 공기 중 산소의 부피가 21%인 아세톤 200g이 완전연소하였다. 다음 물음에 답하시오.
(1) 아세톤의 연소반응식을 쓰시오.
(2) 이론상 필요한 공기의 부피(L)를 구하시오.
(3) 탄산가스의 부피(L)를 구하시오.

---

(1) 아세톤의 연소반응식
- $CH_3COCH_3 + 4O_2 \rightarrow 3CO_2 + 3H_2O$
- 아세톤은 연소하여 이산화탄소와 물을 생성한다.

(2) 이론 공기량
- 이상기체방정식을 이용하여 이론 공기량을 구하기 위해 $PV = \dfrac{wRT}{M}$의 식을 사용한다.
- 아세톤과 산소의 비율은 1 : 4의 비율로 반응하였고 공기 중 산소의 부피는 21%이므로 다음과 같은 식이 된다.

$$V = \dfrac{wRT}{P \times M} = \dfrac{200g \times 0.082 \times 273K}{1 \times 58g/mol} \times \dfrac{4}{1} \times \dfrac{1}{0.21} = 1,470.34L$$

- P: 압력(1atm)
- w: 질량 → 200g
- M: 분자량 → 아세톤(CH_3COCH_3)의 분자량 = (12 × 3) + (1 × 6) + 16 = 58g/mol
- R: 기체상수(0.082L · atm/mol · K)
- T: 절대온도(K, 절대온도로 변환하기 위해 273을 더한다.) → 0 + 273 = 273K

(3) 탄산가스의 부피
- 이상기체방정식을 이용하여 탄산가스의 부피를 구하기 위해 $PV = \dfrac{wRT}{M}$의 식을 사용한다.
- 아세톤과 이산화탄소의 비율은 1 : 3이므로 다음과 같은 식이 된다.

$$V = \dfrac{wRT}{P \times M} = \dfrac{200g \times 0.082 \times 273K}{1 \times 58g/mol} \times \dfrac{3}{1} = 231.58L$$

[*표준상태: 0℃, 1기압]
- P: 압력(1atm)
- w: 질량 → 200g
- M: 분자량 → 아세톤(CH_3COCH_3)의 분자량 = (12 × 3) + (1 × 6) + 16 = 58g/mol (C 원자량: 12, H 원자량: 1, O 원자량: 16)
- R: 기체상수(0.082L · atm/mol · K)
- T: 절대온도(K, 절대온도로 변환하기 위해 273을 더한다.) → 0 + 273 = 273K

정답
(1) $CH_3COCH_3 + 4O_2 \rightarrow 3CO_2 + 3H_2O$
(2) 1,470.34L
(3) 231.58L

14

비중 1.51이고 98wt% 질산수용액 100ml에 몇 g의 물을 넣어야 64wt% 질산수용액으로 만들 수 있는지 구하시오.

- 비중이 1.51이므로, 100ml 용액의 질량은 100ml × 1.51g/ml = 151g이다.
- 98wt% 질산수용액
  - 질산의 양: 151g × 0.98 = 147.98g
  - 물의 양: 151g − 147.98g = 3.02g
- 이 용액을 64wt%로 만들기 위해 추가로 물을 넣고, 물의 최종 질량을 xg라 하면, 총 물의 양은 (3.02 + x)g이고, 최종 질량은 (151 + x)g이 된다.
- 64wt% 질산수용액을 만들기 위해서는 질산의 질량이 전체 질량의 64%가 되어야 하므로 147.98 = 0.64 × (151 + x)에서 x = 80.22g이 된다.
- 따라서 약 80.22g의 물을 추가로 넣어야 64wt% 질산수용액을 만들 수 있다.

정답 80.22g

15

다음 [보기]의 위험물 중에서 염산과 반응하여 제6류 위험물을 생성하는 물질과 물의 화학반응식을 쓰시오.

―――――――――[보기]―――――――――
과염소산암모늄, 과망가니즈산칼륨, 과산화나트륨, 마그네슘

- 위험물의 품명

위험물	품명
과염소산암모늄	제1류 위험물 중 과염소산염류
과망가니즈산칼륨	제1류 위험물 중 과망가니즈산염류
과산화나트륨	제1류 위험물 중 무기과산화물
마그네슘	제2류 위험물 중 마그네슘

- 제1류 위험물 중에서 무기과산화물은 산과 반응하면 제6류 위험물인 과산화수소를 생성한다.
- 과산화나트륨과 염산의 반응식: $Na_2O_2 + 2HCl \rightarrow 2NaCl + H_2O_2$
- 무기과산화물인 과산화나트륨과 물의 반응식: $2Na_2O_2 + 2H_2O \rightarrow 4NaOH + O_2$
  과산화나트륨은 물과 반응하여 수산화나트륨과 산소를 발생한다.

정답 $2Na_2O_2 + 2H_2O \rightarrow 4NaOH + O_2$

16 빈출

다음에서 설명하는 위험물에 대하여 각 물음에 답하시오.

- 제3류 위험물
- 공기와의 접촉을 금지할 것
- 제2류 위험물에 동소체가 있는 위험물

(1) 위험등급
(2) 연소반응식
(3) 옥내저장소 저장 시 바닥면적

---

(1) 황린의 위험등급
- 황린(P_4)은 제3류 위험물 중 자연발화성 물질(공기접촉엄금)이고 제2류 위험물인 적린(P)과 동소체이다.
- 제3류 위험물 중 위험등급 I인 위험물

등급	품명	지정수량(kg)	위험물	분자식
I	알킬알루미늄	10	트라이에틸알루미늄	$(C_2H_5)_3Al$
	칼륨		칼륨	K
	알킬리튬		알킬리튬	RLi
	나트륨		나트륨	Na
	황린	20	황린	P_4

(2) 황린의 연소반응식
- $P_4 + 5O_2 \rightarrow 2P_2O_5$
- 황린은 연소하여 오산화인을 생성한다.

(3) 옥내저장소의 위치, 구조 및 설비의 기준(위험물안전관리법 시행규칙 별표 5)
제3류 위험물 중 칼륨, 나트륨, 알킬알루미늄, 알킬리튬 그 밖에 지정수량이 10kg인 위험물 및 황린을 저장하는 창고의 바닥면적은 1,000m²이다.

 정답
(1) I 등급
(2) $P_4 + 5O_2 \rightarrow 2P_2O_5$
(3) 1,000m²

17

소화의 종류에 대하여 다음 물음에 답하시오.

(1) 소화의 종류 4가지를 쓰시오.
(2) (1)의 소화 종류 중 불활성기체 등을 활용하여 산소의 농도를 낮추어 소화하는 방법을 쓰시오.
(3) (1)의 소화종류 중 액체의 증발잠열을 이용하여 가연물의 온도를 낮추어 소화하는 방법을 쓰시오.
(4) (1)의 소화종류 중 밸브 등을 차단하여 가연물을 없애 소화하는 방법을 쓰시오.

냉각소화	• 점화원을 활성화에너지 값 이하로 낮게 하는 방법 • 주 소화약제: 물 • 종류: 물 소화기, 강화액 소화기 등
질식소화	• 가연물질에 산소 공급을 차단시켜 소화하는 방법 • 주 소화약제: 이산화탄소 소화약제, 포 소화약제, 분말 소화약제, 불활성 가스계 소화약제 등
제거소화	• 가연물질을 화재 장소로부터 안전한 장소로 이동 또는 제거하는 소화방법 • 가연성 가스 화재 시 가스밸브 차단, 전기화재 시 전기차단 등
억제소화	• 연쇄반응을 차단하여 소화하는 방법 • 주 소화약제: 할로겐(할로젠)화합물 소화약제 등 • 종류: 할로겐(할로젠)화합물 소화기, 할론 소화기

정답
(1) 질식소화, 냉각소화, 제거소화, 억제소화
(2) 질식소화
(3) 냉각소화
(4) 제거소화

18

위험물안전관리법령상 옥외탱크저장소 보유공지 기준에 따라 다음 빈칸에 알맞을 말을 쓰시오.

저장 또는 취급하는 위험물의 최대수량	공지의 너비
지정수량의 500배 이하	(①)m 이상
지정수량의 500배 초과 1,000배 이하	(②)m 이상
지정수량의 1,000배 초과 2,000배 이하	(③)m 이상
지정수량의 2,000배 초과 3,000배 이하	(④)m 이상
지정수량의 3,000배 초과 4,000배 이하	(⑤)m 이상

옥외탱크저장소의 보유공지(위험물안전관리법 시행규칙 별표 6)

저장 또는 취급하는 위험물의 최대수량	공지의 너비
지정수량의 500배 이하	3m 이상
지정수량의 500배 초과 1,000배 이하	5m 이상
지정수량의 1,000배 초과 2,000배 이하	9m 이상
지정수량의 2,000배 초과 3,000배 이하	12m 이상
지정수량의 3,000배 초과 4,000배 이하	15m 이상

정답 ① 3 ② 5 ③ 9 ④ 12 ⑤ 15

19

지정과산화물을 저장 또는 취급하는 옥내저장소의 기준에 대하여 다음 물음에 답하시오.

(1) 지정과산화물의 위험등급을 쓰시오.
(2) 지정과산화물 옥내저장소의 바닥면적은 몇 m^2 이하이어야 하는지 쓰시오.
(3) 저장창고 외벽을 철근콘크리트조로 할 경우 두께는 몇 cm 이상이어야 하는지 쓰시오.

제5류 위험물(자기반응성 물질)

등급	품명	지정수량(kg)	위험물	분자식
I	질산에스터류	종 판단 필요	질산메틸	CH_3ONO_2
			질산에틸	$C_2H_5ONO_2$
		10kg(제1종)	나이트로글리세린	$C_3H_5(ONO_2)_3$
			나이트로글리콜	
			나이트로셀룰로오스	-
		100kg(제2종)	셀룰로이드	
	유기과산화물	100kg(제2종)	과산화벤조일	$(C_6H_5CO)_2O_2$
			아세틸퍼옥사이드	

옥내저장소의 위치, 구조 및 설비의 기준(위험물안전관리법 시행규칙 별표 5)
- 제5류 위험물중 유기과산화물 또는 이를 함유하는 것으로서 지정수량이 10kg인 것(이하 "지정과산화물"이라 한다)
  하나의 저장창고의 바닥면적(2 이상의 구획된 실이 있는 경우에는 각 실의 바닥면적의 합계)은 아래 기준에 의한 면적 이하로 하여야 한다.
- 다음의 위험물을 저장하는 창고: 1,000m^2
  - 제5류 위험물 중 유기과산화물, 질산에스터류 그 밖에 지정수량이 10kg인 위험물
  - 저장창고의 외벽은 두께 20cm 이상의 철근콘크리트조나 철골철근콘크리트조 또는 두께 30cm 이상의 보강콘크리트블록조로 할 것

정답 (1) I 등급 (2) 1,000m^2 (3) 20cm

20 ★빈출

표준상태에서 탄화칼슘 32g이 물과 반응하여 생성되는 기체가 완전연소하기 위한 산소의 부피(L)를 구하시오.

- 탄화칼슘과 물의 반응식: $CaC_2 + 2H_2O \rightarrow Ca(OH)_2 + C_2H_2$
- 탄화칼슘은 물과 반응하여 수산화칼슘과 아세틸렌을 발생한다.
- 이상기체방정식을 이용하여 아세틸렌의 부피를 구하기 위해 $PV = \dfrac{wRT}{M}$의 식을 사용한다.
- 탄화칼슘과 아세틸렌은 1:1의 비율로 반응하므로 다음과 같은 식이 된다.

$$V = \dfrac{wRT}{P \times M} = \dfrac{32g \times 0.082 \times 273K}{1 \times 64g/mol} \times \dfrac{1}{1} = 11.193L$$

- 아세틸렌의 연소반응식을 통해 필요한 산소의 부피를 구해야 한다.
- 아세틸렌의 연소반응식: $2C_2H_2 + 5O_2 \rightarrow 4CO_2 + 2H_2O$
- 아세틸렌과 산소의 반응비는 2:5 이므로 다음과 같은 식이 된다.

$$11.193 \times \dfrac{5}{2} ≒ 27.98L$$

[*표준상태: 0℃, 1기압]
- P: 압력(1atm)
- w: 질량 → 32g
- M: 분자량 → 탄화칼슘(CaC_2)의 분자량 = 40 + (12 × 2) = 64g/mol (Ca 원자량: 40, C 원자량: 12)
- V: 부피(L)
- R: 기체상수(0.082L · atm/mol · K)
- T: 절대온도(K, 절대온도로 변환하기 위해 273을 더한다.) → 0 + 273 = 273K

정답 27.98L

CHAPTER 15
2021 제1회 실기[필답형] 기출복원문제

01

다음은 위험물의 성질에 따른 제조소의 특례이다. 빈칸에 알맞은 말을 쓰시오.

- (①)을 취급하는 설비에는 불활성기체를 봉입하는 장치를 갖출 것
- (②)을 취급하는 설비는 은·수은·동·마그네슘 또는 이들을 성분으로 하는 합금으로 만들지 아니할 것
- (③)을 취급하는 설비에는 철이온 등의 혼입에 의한 위험한 반응을 방지하기 위한 조치를 강구할 것

> 제조소의 위치, 구조 및 설비의 기준(위험물안전관리법 시행규칙 별표 4)
> - 알킬알루미늄등을 취급하는 설비에는 불활성기체를 봉입하는 장치를 갖출 것
> - 아세트알데하이드등을 취급하는 설비는 은·수은·동·마그네슘 또는 이들을 성분으로 하는 합금으로 만들지 아니할 것
> - 하이드록실아민등을 취급하는 설비에는 철 이온 등의 혼입에 의한 위험한 반응을 방지하기 위한 조치를 강구할 것

정답 ① 알킬알루미늄등 ② 아세트알데하이드등 ③ 하이드록실아민등

02

제2류 위험물의 위험물 기준에 관한 설명이다. 빈칸에 알맞은 말을 쓰시오.

- (①)는 고형알코올, 그 밖에 1기압에서 인화점이 40℃ 미만인 고체를 말한다.
- 철분이라 함은 철의 분말로써 (②)μm의 표준체를 통과하는 것이 (③)wt% 이상인 것을 말한다.

> 위험물의 특징(위험물안전관리법 시행령 별표 1)
> - "인화성 고체"라 함은 고형알코올 그 밖에 1기압에서 인화점이 섭씨 40도 미만인 고체를 말한다.
> - "철분"이라 함은 철의 분말로서 53마이크로미터의 표준체를 통과하는 것이 50중량퍼센트 미만인 것은 제외한다.

정답 ① 인화성 고체 ② 53 ③ 50

03 ⭐빈출

다음 위험물의 운반용기 외부에 표시해야 하는 주의사항을 모두 쓰시오.

(1) 제2류 위험물 중 인화성 고체
(2) 제3류 위험물 중 금수성 물질
(3) 제4류 위험물
(4) 제5류 위험물
(5) 제6류 위험물

위험물 유별 운반용기 외부 주의사항과 게시판(위험물안전관리법 시행규칙 별표 4, 별표 19)

유별	종류	운반용기 외부 주의사항	게시판
제1류	알칼리금속과산화물	가연물접촉주의, 화기·충격주의, 물기엄금	물기엄금
	그 외	가연물접촉주의, 화기·충격주의	-
제2류	철분, 금속분, 마그네슘	화기주의, 물기엄금	화기주의
	인화성 고체	화기엄금	화기엄금
	그 외	화기주의	화기주의
제3류	자연발화성 물질	화기엄금, 공기접촉엄금	화기엄금
	금수성 물질	물기엄금	물기엄금
제4류	-	화기엄금	화기엄금
제5류	-	화기엄금, 충격주의	화기엄금
제6류	-	가연물접촉주의	-

정답
(1) 화기엄금
(2) 물기엄금
(3) 화기엄금
(4) 화기엄금, 충격주의
(5) 가연물접촉주의

04 빈출

다음 분말 소화약제의 1차 분해반응식을 쓰시오.

(1) 제1종 분말 소화약제
(2) 제2종 분말 소화약제

분말 소화약제의 종류

약제명	주성분	분해식	색상	적응화재
제1종	탄산수소나트륨	$2NaHCO_3 \rightarrow Na_2CO_3 + CO_2 + H_2O$	백색	BC
제2종	탄산수소칼륨	$2KHCO_3 \rightarrow K_2CO_3 + CO_2 + H_2O$	보라색 (담회색)	BC
제3종	인산암모늄	1차: $NH_4H_2PO_4 \rightarrow NH_3 + H_3PO_4$ 2차: $NH_4H_2PO_4 \rightarrow NH_3 + HPO_3 + H_2O$	담홍색	ABC
제4종	탄산수소칼륨 + 요소	-	회색	BC

정답
(1) $2NaHCO_3 \rightarrow Na_2CO_3 + CO_2 + H_2O$
(2) $2KHCO_3 \rightarrow K_2CO_3 + CO_2 + H_2O$

05

다음은 제조소의 배출설비에 대한 기준이다. 빈칸에 알맞은 말을 쓰시오.

- 배출능력은 1시간 당 배출장소 용적의 (①)배 이상인 것으로 하여야 한다. 다만, 전역방식의 경우에는 바닥면적 $1m^2$당 (②)m^3 이상으로 할 수 있다.
- 배출구는 지상 (③)m 이상으로서 연소의 우려가 없는 장소에 설치하고, (④)가 관통하는 벽부분의 바로 가까이에 화재 시 자동으로 폐쇄되는 (⑤)(화재 시 연기 등을 차단하는 장치)를 설치할 것

배출설비의 구조(위험물안전관리법 시행규칙 별표 4)
- 배출능력은 1시간당 배출장소 용적의 20배 이상인 것으로 하여야 한다. 다만, 전역방식의 경우에는 바닥면적 $1m^2$당 $18m^3$ 이상으로 할 수 있다.
- 배출구는 지상 2m 이상으로서 연소의 우려가 없는 장소에 설치하고, 배출 덕트가 관통하는 벽부분의 바로 가까이에 화재 시 자동으로 폐쇄되는 방화댐퍼(화재 시 연기 등을 차단하는 장치)를 설치할 것

정답 ① 20 ② 18 ③ 2 ④ 배출 덕트 ⑤ 방화댐퍼

06

질산암모늄 중에서 다음 원소의 중량백분율을 구하시오.

(1) 질소
(2) 수소

- 질산암모늄 분자식: NH_4NO_3
- 질소의 중량백분율 = $\dfrac{2N}{NH_4NO_3} \times 100 = \dfrac{14 \times 2}{(14 \times 2) + (1 \times 4) + (16 \times 3)} \times 100 = 35\%$
- 수소의 중량백분율 = $\dfrac{4H}{NH_4NO_3} \times 100 = \dfrac{4 \times 1}{(14 \times 2) + (1 \times 4) + (16 \times 3)} \times 100 = 5\%$

(N 원자량: 14, H 원자량: 1, O 원자량: 16)

정답 (1) 35% (2) 5%

07 ✈빈출

메틸알코올 1mol 연소 시 화학반응식을 적고, 생성물질의 몰수를 구하시오.

(1) 화학반응식
(2) 생성물질의 몰수

(1) 메틸알코올의 연소반응식
  - $2CH_3OH + 3O_2 \rightarrow 2CO_2 + 4H_2O$
  - 메틸알코올은 연소하여 이산화탄소와 물을 생성한다.
(2) 메틸알코올 연소 시 생성되는 이산화탄소와 물의 몰수
  - 메틸알코올 1mol 연소 시 생성물질의 몰수를 알아야 하므로 반응식을 다음과 같이 변경한다.
  - $CH_3OH + 1.5O_2 \rightarrow CO_2 + 2H_2O$
  - 생성물질은 1mol의 이산화탄소와 2mol의 물이므로 둘의 몰수를 합하면 3mol이 된다.

정답 (1) $2CH_3OH + 3O_2 \rightarrow 2CO_2 + 4H_2O$
(2) 3mol

08 빈출

1기압 50℃에서 이황화탄소 5kg이 모두 증발할 때, 기체의 부피(m^3)를 구하시오.

(1) 계산과정
(2) 답

- 이황화탄소의 완전연소반응식: $CS_2 + 3O_2 \rightarrow CO_2 + 2SO_2$
  이황화탄소는 완전연소하여 이산화탄소와 이산화황을 생성한다.
- 이상기체방정식을 이용하여 이산화황의 부피를 구하기 위해 $PV = \dfrac{wRT}{M}$의 식을 사용한다.

  $V = \dfrac{wRT}{P \times M} = \dfrac{5kg \times 0.082 \times 323K}{1 \times 76kg/mol} = 1.74m^3$

  - P: 압력(1atm)
  - w: 질량 → 5kg
  - M: 분자량 → 이황화탄소(CS_2)의 분자량 = 12 + (32 × 2) = 76kg/kmol (C 원자량: 12, S 원자량: 32)
  - R: 기체상수(0.082m^3·atm/kmol·K)
  - T: 절대온도(K, 절대온도로 변환하기 위해 273을 더한다.) → 50 + 273 = 323K

정답 (1) [해설참조] (2) 1.74m^3

09 빈출

마그네슘 화재 시 이산화탄소를 이용한 소화가 불가능하다. 다음 물음에 답하시오.

(1) 화학반응식을 쓰시오.
(2) 이산화탄소를 이용한 소화가 불가능한 이유를 쓰시오.

(1) 마그네슘과 이산화탄소의 반응식
  - $2Mg + CO_2 \rightarrow 2MgO + C$
  - 마그네슘은 이산화탄소와 반응하여 산화마그네슘과 탄소를 발생한다.
(2) 이산화탄소를 이용한 소화가 불가능한 이유를 쓰시오.
  - 이산화탄소가 분해되면서 마그네슘과 반응하여 탄소를 방출하게 된다.
  - 탄소는 추가적인 연료로 작용하여 화재를 더욱 악화시킬 수 있다.
  - 따라서, 마그네슘 화재에는 이산화탄소 대신 모래나 팽창질석과 같은 질식소화를 하는 것이 바람직하다.

정답 (1) $2Mg + CO_2 \rightarrow 2MgO + C$
(2) 마그네슘과 이산화탄소가 반응하면 가연성의 탄소가 발생하며 화재가 확대되기 때문

10

제1석유류 중 이소프로필알코올을 산화시켜 만든 것으로, 아이오딘포름 반응을 하는 물질에 대하여 다음 물음에 답하시오.

(1) 물질명
(2) 아이오딘포름 화학식
(3) 아이오딘포름 반응 후 색 변화

- 이소프로필알코올을 산화시키면 아세톤이 생성된다.
- 아세톤은 그 구조상 메틸케톤그룹을 포함하고 있어 아이오딘포름 반응을 할 수 있다.
- 아이오딘포름의 화학식은 CHI_3이다.
- 아이오딘포름은 밝은 노란색의 고체로, 특유의 강한 냄새가 있다.

정답 (1) 아세톤 (2) CHI_3 (3) 노란색

11

과산화수소를 이산화망가니즈를 촉매로 하여 분해시켰다. 다음 물음에 답하시오.

(1) 화학반응식을 쓰시오.
(2) 발생하는 기체의 명칭을 쓰시오.

- 과산화수소의 분해반응식(이산화망가니즈 촉매 시): $2H_2O_2 \xrightarrow{MnO_2} 2H_2O + O_2$
  이산화망가니즈를 촉매로 사용하여 과산화수소를 분해시키면 물과 산소가 생성된다.
- 이때, 이산화망가니즈는 반응에 참여하지 않고 속도를 증가시키는 촉매 역할을 한다.

정답 (1) $2H_2O_2 \xrightarrow{MnO_2} 2H_2O + O_2$
(2) 산소

12

위험물저장탱크의 용량이 520L이고, 내용적이 600L일 때, 탱크의 공간용적을 구하시오.

공간용적 계산
- 위험물저장탱크 용량 = 내용적 − 공간용적 → 위험물저장탱크 공간용적 = 내용적 − 용량
- 위험물저장탱크 공간용적 = 600L − 520L = 80L

정답 80L

13

일반취급소 또는 제조소에서 취급하는 제4류 위험물의 최대수량의 합이 다음과 같을 때 사업소에 두는 자체소방대의 화학소방자동차 대수와 자체소방대원의 수를 각 물음에 맞게 쓰시오.

(1) 제조소 또는 일반취급소에서 취급하는 제4류 위험물의 최대수량의 합이 지정수량의 3천배 이상 12만배 미만일 때, 자체소방대원 수
(2) 제조소 또는 일반취급소에서 취급하는 제4류 위험물의 최대수량의 합이 지정수량의 3천배 이상 12만배 미만일 때 소방자동차의 대수
(3) 제조소 또는 일반취급소에서 취급하는 제4류 위험물의 최대수량의 합이 지정수량의 48만배 이상일 때, 자체소방대원 수
(4) 제조소 또는 일반취급소에서 취급하는 제4류 위험물의 최대수량의 합이 지정수량의 48만배 이상일 때, 소방자동차의 대수

자체소방대에 두는 화학소방자동차 및 자체소방대원 기준(위험물안전관리법 시행령 별표 8)

위험물의 최대 수량의 합	화학소방자동차(대)	자체소방대원(인)
지정수량의 3천배 이상 12만배 미만	1	5
지정수량의 12만배 이상 24만배 미만	2	10
지정수량의 24만배 이상 48만배 미만	3	15
지정수량의 48만배 이상	4	20

정답
(1) 5인
(2) 1대
(3) 20인
(4) 4대

14

[보기]에서 소화난이도등급 I 제조소등에 해당되는 것을 모두 골라 쓰시오. (단, 해당사항이 없으면 '없음'으로 표기하시오)

---[보기]---
지하탱크저장소, 연면적 1,000m²인 제조소, 처마높이 6m인 옥내저장소,
제2종 판매취급소, 간이탱크저장소, 이송취급소, 이동탱크저장소

소화설비, 경보설비 및 피난설비의 기준에 따라 소화난이도등급 I에 해당하는 제조소등(위험물안전관리법 시행규칙 별표 17)

구분	기준
제조소 일반취급소	• 연면적 1,000m² 이상인 것 • 지정수량의 100배 이상인 것 • 지반면으로부터 6m 이상의 높이에 위험물 취급설비가 있는 것 • 일반취급소로 사용되는 부분 외의 부분을 갖는 건축물에 설치된 것
주유취급소	면적의 합이 500m² 초과하는 것
옥내저장소	• 지정수량의 150배 이상인 것 • 연면적 150m² 초과하는 것 • 처마높이가 6m 이상인 단층건물 • 옥내저장소로 사용되는 부분 외의 부분이 있는 건축물에 설치된 것
옥외저장소	• 덩어리 상태의 황을 저장하는 것으로서 경계표시 내부의 면적이 100m² 이상인 것 • 인화성 고체, 제1석유류 또는 알코올류를 저장하는 것으로서 지정수량의 100배 이상인 것
옥내탱크저장소	• 액표면적이 40m² 이상인 것(제6류 위험물을 저장하는 것 및 고인화점 위험물만을 100℃ 미만의 온도에서 저장하는 것은 제외) • 바닥면으로부터 탱크 옆판의 상단까지 높이가 6m 이상인 것(제6류 위험물을 저장하는 것 및 고인화점위험물만을 100℃ 미만의 온도에서 저장하는 것은 제외) • 탱크전용실이 단층건물 외의 건축물에 있는 것으로서 인화점 38℃ 이상 70℃ 미만의 위험물을 지정수량의 5배 이상 저장하는 것
옥외탱크저장소	• 액표면적이 40m² 이상인 것 • 지반면으로부터 탱크 옆판의 상단까지 높이가 6m 이상인 것 • 지중탱크 또는 해상탱크로서 지정수량의 100배 이상인 것 • 고체위험물을 저장하는 것으로서 지정수량의 100배 이상인 것
암반탱크저장소	• 액표면적이 40m² 이상인 것(제6류 위험물을 저장하는 것 및 고인화점 위험물만을 100℃ 미만의 온도에서 저장하는 것은 제외) • 고체위험물만을 저장하는 것으로서 지정수량의 100배 이상인 것
이송취급소	모든 대상

정답 연면적 1,000m²인 제조소, 처마높이 6m인 옥내저장소, 이송취급소

15

다음은 옥외저장소의 격벽에 관한 설치기준이다. 빈칸에 알맞은 말을 쓰시오.

> 저장창고는 (①)m² 이내마다 격벽으로 완전하게 구획할 것. 이 경우 당해 두께는 (②)cm 이상의 철근콘크리트조 또는 철골콘크리트조로 하거나 두께 (③)cm 이상의 보강콘크리트블록조로 하고, 당해 저장창고의 양측 외벽으로부터 (④)m 이상, 상부의 지붕으로부터 (⑤)cm 이상 돌출하게 해야 한다.

옥외저장소의 저장창고 기준(위험물안전관리법 시행규칙 별표 5)
저장창고는 150m² 이내마다 격벽으로 완전하게 구획할 것. 이 경우 당해 격벽은 두께 30cm 이상의 철근콘크리트조 또는 철골철근콘크리트조로 하거나 두께 40cm 이상의 보강콘크리트블록조로 하고, 당해 저장창고의 양측의 외벽으로부터 1m 이상, 상부의 지붕으로부터 50cm 이상 돌출하게 하여야 한다.

정답 ① 150 ② 30 ③ 40 ④ 1 ⑤ 50

16 ★빈출

다음 중 위험물과 지정수량이 알맞게 짝지어진 것을 고르시오.

> ① 테레핀유 - 2,000L
> ② 아닐린 - 2,000L
> ③ 피리딘 - 400L
> ④ 실린더유 - 6,000L
> ⑤ 산화프로필렌 - 200L

위험물	품명	지정수량(L)
테라핀유	제2석유류	1,000
아닐린	제3석유류	2,000
피리딘	제1석유류	400
실린더유	제4석유류	6,000
산화프로필렌	특수인화물	50

정답 ②, ③, ④

17 ⭐빈출

탄화칼슘과 물이 접촉하였을 때 다음 물음에 답하시오.

(1) 화학반응식
(2) 발생하는 기체의 연소반응식

(1) 탄화칼슘과 물의 반응식
- $CaC_2 + 2H_2O \rightarrow Ca(OH)_2 + C_2H_2$
- 탄화칼슘은 물과 반응하여 수산화칼슘과 아세틸렌 기체를 발생한다.

(2) 아세틸렌의 연소반응식
- $2C_2H_2 + 5O_2 \rightarrow 4CO_2 + 2H_2O$
- 아세틸렌은 연소하여 이산화탄소와 물을 발생한다.

정답
(1) $CaC_2 + 2H_2O \rightarrow Ca(OH)_2 + C_2H_2$
(2) $2C_2H_2 + 5O_2 \rightarrow 4CO_2 + 2H_2O$

18

다음 [보기]에서 금수성과 자연발화성 특징을 함께 가지는 물질을 모두 찾아 쓰시오.

―――――[보기]―――――
황린, 나이트로글리세린, 칼륨, 트라이나이트로페놀, 수소화나트륨, 나이트로벤젠

- 제3류 위험물(자연발화성 물질 및 금수성 물질)

등급	품명	지정수량(kg)	위험물	분자식
I	알킬알루미늄	10	트라이에틸알루미늄	$(C_2H_5)_3Al$
	칼륨		칼륨	K
	알킬리튬		알킬리튬	RLi
	나트륨		나트륨	Na
II	황린	20	황린	P_4
	알칼리금속 (칼륨, 나트륨 제외)	50	리튬	Li
			루비듐	Rb
	알칼리토금속		칼슘	Ca
			바륨	Ba
	유기금속화합물(알킬알루미늄, 알킬리튬 제외)		-	-
III	금속의 수소화물	300	수소칼슘	CaH_2
			수소화나트륨	NaH
	금속의 인화물		인화칼슘	Ca_3P_2
	칼슘, 알루미늄의 탄화물		탄화칼슘	CaC_2
			탄화알루미늄	Al_4C_3

- 그 외 물질의 유별 및 특징

위험물	유별	특징
황린	제3류 위험물	자연발화성 성질만 보유함
나이트로글리세린	제5류 위험물	자기반응성 물질
트라이나이트로페놀	제5류 위험물	자기반응성 물질
나이트로벤젠	제4류 위험물	인화성 액체

정답 칼륨, 수소화나트륨

19

다음은 제4류 위험물 중 알코올류의 정의이다. 다음 빈칸에 알맞은 말을 쓰시오.

> 알코올류라 함은 1분자를 구성하는 탄소원자의 수가 1개부터 (①)개까지인 포화1가 알코올(변성알코올을 포함한다)을 말한다. 다만, 다음의 1에 해당하는 것은 제외한다.
> - 1분자를 구성하는 탄소원자의 수가 1개 내지 3개의 포화1가 알코올의 함유량이 (②)중량퍼센트 미만인 수용액
> - 가연성 액체량이 (③)중량퍼센트 미만이고 인화점 및 연소점(태그개방식 인화점측정기에 의한 연소점을 말한다. 이하 같다)이 에틸알코올 60중량퍼센트 수용액의 인화점 및 연소점을 초과하는 것

위험물의 특징(위험물안전관리법 시행령 별표 1)
"알코올류"라 함은 1분자를 구성하는 탄소원자의 수가 1개부터 3개까지인 포화1가 알코올(변성알코올을 포함한다)을 말한다. 다만, 다음의 1에 해당하는 것은 제외한다.
- 1분자를 구성하는 탄소원자의 수가 1개 내지 3개의 포화1가 알코올의 함유량이 60중량퍼센트 미만인 수용액
- 가연성 액체량이 60중량퍼센트 미만이고 인화점 및 연소점(태그개방식 인화점측정기에 의한 연소점을 말한다. 이하 같다)이 에틸알코올 60중량퍼센트 수용액의 인화점 및 연소점을 초과하는 것

정답 ① 3 ② 60 ③ 60

20

다음 표의 빈칸에 알맞은 말을 쓰시오.

(①)		
제조소	저장소	취급소
-	옥외·내 저장소 옥외·내 탱크 저장소 (②) (③) 지하탱크저장소 암반탱크저장소	일반취급소 주유취급소 (④) (⑤)

위험물제조소등의 분류(위험물안전관리법 시행령 별표 2, 별표 3)

위험물제조소등		
제조소	저장소	취급소
-	옥외·내 저장소 옥외·내 탱크 저장소 이동탱크저장소 간이탱크저장소 지하탱크저장소 암반탱크저장소	일반취급소 주유취급소 판매취급소 이송취급소

정답 ① 위험물제조소등 ② 이동탱크저장소 ③ 간이탱크저장소 ④ 판매취급소 ⑤ 이송취급소

위험물 산업기사 실기

PART 03

위험물산업기사 실기[필답형] 모의고사

Chapter 01 위험물산업기사 실기[필답형] 모의고사
Chapter 02 위험물산업기사 실기[필답형] 모의고사 정답 및 해설

국가기술자격 제1회 실기 모의고사

종 목	시험시간	배점	문제수	형 별
위험물산업기사	1시간 30분	100	14	A

성 명	
수험번호	
감독확인	

* 다음 물음에 답을 해당 답란에 답하시오. (배점: 100, 문제수: 14)

1. 염소산칼륨의 분해반응식을 쓰시오. ★빈출

득점	배점
	6

2. 옥외탱크저장소의 방유제가 높이 몇 m를 넘을 때 계단을 설치해야 하는지 쓰시오.

득점	배점
	7

연 습 란

※ 다음 여백은 계산 연습란으로 사용하십시오.

3. 가연물 표면에 부착성 막을 만들어 산소의 유입을 차단하는 역할을 하는 메타인산이 발생하는 분말 소화약제에 대하여 다음 물음에 답하시오.
   (1) 분말 소화약제의 종류를 쓰시오.

   (2) 이 분말 소화약제의 주성분을 화학식으로 쓰시오.

4. 다음 표에 위험물 운반에 관한 혼재기준에 맞게 ○와 ×를 채우시오.

위험물의 구분	제1류	제2류	제3류	제4류	제5류	제6류
제1류						
제2류						
제3류						
제4류						
제5류						
제6류						

5. TNT(트라이나이트로톨루엔)의 열분해 시 생성되는 기체물질 3가지의 화학식을 쓰시오.

연 습 란

※ 다음 여백은 계산 연습란으로 사용하십시오.

6. 지정수량이 50L이고, 에틸알코올에 황산을 촉매로 첨가하면 발생하는 특수인화물의 화학식을 쓰시오.

7. 다음 위험물에 대하여 제조소에 설치해야 하는 주의사항 게시판을 쓰시오.
   (1) 과산화나트륨

   (2) 황

   (3) 트라이나이트로톨루엔

8. 불활성 가스 소화설비가 적응성이 있는 위험물을 [보기]에서 2가지 골라 쓰시오.
   ─────[보기]─────
   (1) 제1류 위험물 중 알칼리금속의 과산화물
   (2) 제2류 위험물 중 인화성 고체
   (3) 제3류 위험물
   (4) 제4류 위험물
   (5) 제5류 위험물
   (6) 제6류 위험물

9. 다음 빈칸에 알맞은 말을 쓰시오.

- (①)는 고형 알코올, 그 밖에 1기압에서 인화점 40℃ 미만인 고체를 말한다.
- (②)은 이황화탄소, 다이에틸에터 그 밖에 1기압에서 발화점 100℃ 이하거나 인화점 영하 20℃ 이하이고, 비점 40℃ 이하인 것을 말한다.
- (③)는 아세톤, 휘발유 그 밖에 1기압에서 인화점 21℃ 미만인 것을 말한다.

10. 다음 그림과 같은 원통형 위험물 저장탱크의 내용적은 몇 m³인지 구하시오.

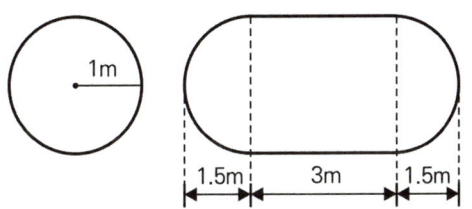

(1) 계산과정

(2) 답

11. 오황화인과 물이 반응할 때 생성되는 물질의 화학식을 쓰시오.

연 습 란

※ 다음 여백은 계산 연습란으로 사용하십시오.

12. 국소방식의 배출설비를 제조소에 설치할 경우 배출능력은 시간당 배출장소 용적의 몇 배 이상으로 해야 하는지 쓰시오.

13. 피크린산(제1종)에 대하여 다음 물음에 답하시오.
    (1) 구조식

    (2) 지정수량

14. 이황화탄소에 대하여 다음 물음에 답하시오.
    (1) 지정수량

    (2) 연소반응식

연 습 란

※ 다음 여백은 계산 연습란으로 사용하십시오.

국가기술자격 제2회 실기 모의고사

종 목	시험시간	배 점	문제수	형 별
위험물산업기사	1시간 30분	100	13	A

성 명	
수험번호	
감독확인	

* 다음 물음에 답을 해당 답란에 답하시오. (배점: 100, 문제수: 13)

1. 인산이 생성되는 ABC분말 소화기의 1차 열분해반응식을 쓰시오. *빈출*

2. 다음 지정수량에 해당하는 옥외저장소의 보유공지를 쓰시오.
   (1) 지정수량의 10배 이하

   (2) 지정수량의 20배 초과 50배 이하

연 습 란

※ 다음 여백은 계산 연습란으로 사용하십시오.

3. 주유취급소에 설치하는 게시판 중 "주유 중 엔진정지" 게시판에 대하여 다음 물음에 답하시오.
   (1) 글자색

   (2) 바탕색

4. 다음 위험물이 물과 반응하여 생성되는 가연성 기체의 화학식을 쓰시오.
   (1) 인화알루미늄

   (2) 칼륨

   (3) 트라이에틸알루미늄

5. 탄화알루미늄과 물이 만나면 생성되는 물질의 화학식을 쓰시오.

연 습 란

※ 다음 여백은 계산 연습란으로 사용하십시오.

6. 인화칼슘에 대하여 다음 물음에 답하시오.
   (1) 인화칼슘과 물의 화학반응식을 쓰시오.

   (2) 인화칼슘이 물과 접촉하면 안 되는 이유를 쓰시오.

7. 인화점이 낮은 것부터 높은 것 순으로 [보기]의 위험물을 나열하시오.
   ───────[보기]───────
   이황화탄소, 다이에틸에터, 아세톤, 산화프로필렌

8. 특수인화물 200L, 제1석유류 400L, 제2석유류 4,000L, 제3석유류 12,000L. 제4석유류 24,000L에 대하여 지정수량 배수의 합을 구하시오. (단, 제1석유류, 제2석유류, 제3석유류, 제4석유류는 모두 수용성이다.)

연 습 란

※ 다음 여백은 계산 연습란으로 사용하십시오.

9. 에틸렌과 산소가 CuCl₂의 촉매 하에서 반응할 때 생성되는 물질로 인화점이 –38℃, 비점이 21℃ 연소범위가 4.1 ~ 57%인 특수인화물에 대하여 시성식과 증기비중을 각각 쓰시오.

   (1) 시성식

   (2) 증기비중

10. 피크린산(제5류 위험물)의 구조식을 쓰시오. 빈출

11. 고형알코올이며, 그 밖에 1기압에서 인화점이 섭씨 40도 미만인 고체의 위험물에 대하여 다음 물음에 답하시오. 빈출

    (1) 위험물의 유별

    (2) 품명

    (3) 지정수량

연 습 란

※ 다음 여백은 계산 연습란으로 사용하십시오.

12. 다음 위험물을 압력탱크 외의 탱크에 저장할 경우 몇 도 이하의 온도를 유지해야 하는지 쓰시오. 빈출

    (1) 다이에틸에터

    (2) 아세트알데하이드

    (3) 산화프로필렌

13. 다음 [보기]에서 위험물 탱크 검사자로서 반드시 필요한 필수인력을 모두 골라 쓰시오.

    ─────────[보기]─────────
    누설비파괴검사기사·산업기사, 위험물산업기사, 비파괴검사기능사, 측량 및 지형공간정보 기술사·기사·산업기사 또는 측량기능사, 위험물기능장, 초음파비파괴검사기사·산업기사, 에너지관리기능사

연 습 란

※ 다음 여백은 계산 연습란으로 사용하십시오.

국가기술자격 제3회 실기 모의고사

종 목	시험시간	배 점	문제수	형 별
위험물산업기사	1시간 30분	100	14	A

성 명	
수험번호	
감독확인	

* 다음 물음에 답을 해당 답란에 답하시오. (배점: 100, 문제수: 14)

1. A, B, C급 화재에 모두 소화 적응성이 있는 분말 소화약제 주성분의 화학식을 쓰시오.

2. 다음 위험물의 운반기준에 대하여 괄호 안에 알맞은 말을 쓰시오.

   - 액체 위험물은 운반용기 내용적의 (①)% 이하의 수납율로 수납하되, (②)도의 온도에서 누설되지 아니하도록 충분한 공간용적을 유지하도록 할 것
   - 고체위험물은 운반용기 내용적의 (③)% 이하의 수납율로 수납할 것

연 습 란

※ 다음 여백은 계산 연습란으로 사용하십시오.

3. 마그네슘에 대하여 다음 물음에 답하시오.
   (1) 마그네슘과 황산이 반응할 때 생성되는 기체의 화학식을 쓰시오.

   (2) 마그네슘이 완전연소되면 생성되는 물질의 화학식을 쓰시오.

4. 위험물 제조소의 옥외에 100m³와 200m³의 탱크가 1기씩 설치되어 있다. 탱크 주위에 방유제를 설치하면 방유제의 용량은 몇 m³ 이상이어야 하는지 구하시오.

5. 휘발유와 혼재 가능한 위험물을 모두 쓰시오. (단, 위험물의 적재량은 지정수량의 1/5이다.)

연 습 란

※ 다음 여백은 계산 연습란으로 사용하십시오.

6. 다음 [보기]의 동식물유를 건성유, 반건성유, 불건성유로 구분하여 쓰시오.

   ─[보기]─
   쌀겨기름, 목화씨기름, 피마자유, 아마인유, 야자유, 들기름

   (1) 건성유

   (2) 반건성유

   (3) 불건성유

7. 다음 위험물을 보고 인화점이 낮은 것부터 높은 것 순으로 쓰시오.

   글리세린, 클로로벤젠, 초산에틸, 이황화탄소

8. 비중 0.53, 융점 180℃이며, 연한 경금속으로 2차 전지에 사용되는 물질의 명칭을 쓰시오.

연 습 란

※ 다음 여백은 계산 연습란으로 사용하십시오.

9. 표준상태인 톨루엔의 증기밀도는 몇 g/L인지 구하시오.

10. 환원력이 아주 크고, 물과 에테르, 알코올에 녹으며, 은거울반응을 하고 산화하면 아세트산이 되는 이 위험물에 대하여 다음 물음에 답하시오.
   (1) 물질의 명칭

   (2) 화학식

11. 질산암모늄의 구성 성분 중 질소와 수소의 함량(wt%)을 구하시오.

연 습 란

※ 다음 여백은 계산 연습란으로 사용하십시오.

12. 위험물 중 인화점이 21℃ 이상 70℃ 미만이며 수용성인 물질을 다음 [보기]에서 모두 골라 쓰시오.

━━━━━━━━━━━━[보기]━━━━━━━━━━━━
아세트산, 글리세린, 나이트로벤젠, 메틸알코올, 포름산

13. 물과 접촉한 인화칼슘의 반응식을 쓰시오.

14. 지정수량이 같은 위험물의 품명 3가지를 다음 [보기]에서 골라 쓰시오.

━━━━━━━━━━━━[보기]━━━━━━━━━━━━
황, 나이트로글리세린, 하이드라진유도체, 알칼리토금속, 철분, 하이드록실아민, 적린

국가기술자격 제4회 실기 모의고사

종 목	시험시간	배 점	문제수	형 별
위험물산업기사	1시간 30분	100	13	A

성 명	
수험번호	
감독확인	

* 다음 물음에 답을 해당 답란에 답하시오. (배점: 100, 문제수: 13)

1. 과산화나트륨에 대하여 다음 물음에 답하시오. 빈출

   (1) 분해 시 생성된 물질 2가지를 쓰시오.

   (2) 과산화나트륨과 이산화탄소와의 반응식을 쓰시오.

2. 오황화인의 연소반응식과 연소하여 생성되는 물질 중 산성비의 원인이 되는 물질을 쓰시오. 빈출

   (1) 오황화인 연소반응식

   (2) 산성비의 원인이 되는 물질

연 습 란

※ 다음 여백은 계산 연습란으로 사용하십시오.

3. 제2종 분말 소화약제의 주성분에 대하여 분해반응식을 쓰시오.

4. 위험물제조소등에 설치하는 옥내소화전설비의 방수압력과 1분당 방수량을 쓰시오.
   (1) 방수압력

   (2) 1분당 방수량

5. 다음 [보기]에서 제2류 위험물에 속하는 품명 4가지와 각각의 지정수량을 쓰시오.
   ─────────[보기]─────────
   아세톤, 황, 칼슘, 마그네슘, 황린, 황화인, 적린

연 습 란

※ 다음 여백은 계산 연습란으로 사용하십시오.

6. 지정수량 150배의 황을 옥외저장소에 저장하였을 때, 보유공지를 쓰시오.

7. 다음과 같이 종으로 설치한 원통형 탱크의 내용적(m^3)을 구하시오. (단, r = 10m, l = 25m)

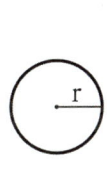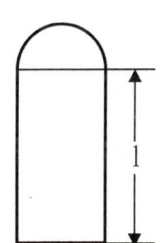

8. 트라이나이트로페놀(제1종)의 구조식과 지정수량을 쓰시오.

   (1) 구조식

   (2) 지정수량

연 습 란

※ 다음 여백은 계산 연습란으로 사용하십시오.

9. 다음 위험물의 지정수량 배수의 합을 구하시오.

- 메틸에틸케톤 1,000L
- 메틸알코올 1,000L
- 클로로벤젠 1,500L

10. 이동저장탱크의 구조에 대한 설명 중 다음 빈칸에 알맞은 말을 쓰시오.

- 탱크(맨홀 및 주입관의 뚜껑을 포함한다)는 두께 (①) 이상의 강철판 또는 이와 동등 이상의 강도·내식성 및 내열성이 있다고 인정하여 소방청장이 정하여 고시하는 재료 및 구조로 위험물이 새지 아니하게 제작할 것
- 압력탱크 외의 탱크는 (②)의 압력으로, 압력탱크는 최대상용압력의 (③)의 압력으로 각각 (④)간의 수압시험을 실시하여 새거나 변형되지 아니할 것

11. [보기]의 위험물을 인화점이 낮은 것부터 높은 것 순으로 쓰시오.
──[보기]──
에틸렌글리콜, 나이트로벤젠, 초산에틸, 메틸알코올

12. 탄화칼슘이 물과 반응할 경우에 대하여 다음 물음에 답하시오.

    (1) 탄화칼슘과 물의 반응식을 쓰시오.

    (2) 생성된 기체의 명칭을 쓰시오.

    (3) 생성기체의 연소범위를 쓰시오.

    (4) 생성기체의 연소반응식을 쓰시오.

13. 다음 [보기]의 위험물 운반용기 외부에 표시할 주의사항을 각각 쓰시오.

    ─────────[보기]─────────
    (1) 제2류 위험물 중 인화성 고체
    (2) 제3류 위험물 중 금수성 물질
    (3) 제4류 위험물
    (4) 제6류 위험물

연 습 란

※ 다음 여백은 계산 연습란으로 사용하십시오.

국가기술자격 제5회 실기 모의고사

종 목	시험시간	배 점	문제수	형 별
위험물산업기사	1시간 30분	100	13	A

성 명:
수험번호:
감독확인:

* 다음 물음에 답을 해당 답란에 답하시오. (배점: 100, 문제수: 14)

1. 옥내소화전 3개를 설치한 옥내저장소에 필요한 수원의 양(m^3)을 구하시오.

    배점: 7

2. 다음 [보기]의 설명 중 제4류 위험물 중 제2석유류에 대한 설명으로 옳은 것을 모두 골라 쓰시오.

    ─────────[보기]─────────
    ① 등유와 경유는 대표적인 제2석유류이다.
    ② 대부분이 수용성 물질이다.
    ③ 비중이 1보다 크다.
    ④ 산화제이다.
    ⑤ 도료류 그 밖의 물품에 있어서는 가연성 액체량이 40wt% 이하이면서 인화점이 40℃ 이상인 동시에 연소점이 60℃ 이상인 것은 제외한다.

    배점: 8

연 습 란

※ 다음 여백은 계산 연습란으로 사용하십시오.

3. 과염소산칼륨이 610℃에서 분해하였을 때, 화학반응식을 쓰시오.

4. 칼륨과 다음 물질과의 반응식을 쓰시오.

   (1) 이산화탄소

   (2) 에틸알코올

5. 아세트알데하이드등의 이동탱크저장소에 관한 시설기준이다. 다음 빈칸에 알맞은 말을 쓰시오.

   • 저장탱크에는 불활성의 기체를 봉입할 수 있는 구조로 할 것
   • 저장탱크 및 그 설비는 은, (①), 동, (②) 또는 이들을 성분으로 하는 합금으로 만들지 아니할 것

연 습 란

※ 다음 여백은 계산 연습란으로 사용하십시오.

6. 온도가 30℃이고, 기압이 800mmHg인 옥외저장소에 저장되어 있는 이황화탄소 100kg이 완전연소할 때 발생되는 이산화황의 체적(m^3)을 구하시오. ★빈출

7. 다음 물질이 위험물로 성립되는 조건을 쓰시오. (단, 없으면 없음이라 쓰시오.)
   (1) 과산화수소

   (2) 과염소산

   (3) 질산

8. 특수인화물에 대하여 다음 설명의 빈칸에 알맞은 말을 쓰시오. ★빈출

   ─────[보기]─────
   특수인화물이라 함은 이황화탄소, 다이에틸에터 그 밖에 1기압에서 발화점이 섭씨 (①)도 이하인 것, 또는 인화점이 섭씨 영하(②)도 이하이고 비점이 섭씨 (③)도 이하인 것을 말한다.

연 습 란

※ 다음 여백은 계산 연습란으로 사용하십시오.

9. 불활성 가스 소화설비에 적응성이 있는 위험물을 모두 쓰시오.

10. 제5류 위험물 중 휘황색이며, 비중이 1.8인 위험물에 대하여 다음 물음에 답하시오.
    (1) 명칭을 쓰시오.

    (2) 지정수량을 쓰시오.

11. 지정수량 150배 이상의 황을 옥외저장소에 저장하였다. 보유공지를 쓰시오.

연 습 란

※ 다음 여백은 계산 연습란으로 사용하십시오.

12. 다음은 옥내저장소의 격벽에 대한 설치기준이다. 빈칸을 알맞게 채우시오.

> 저장창고는 (①)m² 이내마다 격벽으로 완전하게 구획할 것. 이 경우 당해 격벽은 두께 (②)cm 이상의 철근콘크리트조 또는 철골철근콘크리트조로 하거나 두께 (③)cm 이상의 보강콘크리트블록조로 하고, 당해 저장창고의 양측 외벽으로부터 (④)m 이상, 상부의 지붕으로부터 (⑤)cm 이상 돌출하게 해야 한다.

13. 소화난이도등급 Ⅰ의 기준에 해당하는 제조소 및 일반취급소에 대하여 다음 물음에 답하시오.

   (1) 연면적이 몇 m² 이상인지 쓰시오.

   (2) 위험물취급설비가 지면으로부터 몇 m 이상의 높이에 있어야 하는지 쓰시오.

   (3) 지정수량의 기준을 쓰시오.

국가기술자격 제6회 실기 모의고사

종 목	시험시간	배 점	문제수	형 별
위험물산업기사	1시간 30분	100	13	A

성 명	
수험번호	
감독확인	

* 다음 물음에 답을 해당 답란에 답하시오. (배점: 100, 문제수: 14)

1. 다음은 제1종 판매취급소의 시설기준에 관한 내용이다. 빈칸에 알맞은 말을 쓰시오.

   - 위험물을 배합하는 실은 바닥면적 (①)m² 이상 (②)m² 이하로 한다.
   - (③) 또는 (④)의 벽으로 한다.
   - 바닥은 위험물이 침투하지 아니하는 구조로 하여 적당한 경사를 두고 (⑤)를 설치하여야 한다.
   - 출입구 문턱의 높이는 바닥면으로부터 (⑥)m 이상으로 하여야 한다.

   배점 8

2. 트라이에틸알루미늄에 대하여 다음 물음에 답하시오. ★빈출

   (1) 완전연소반응식을 쓰시오.

   (2) 물과의 반응식을 쓰시오.

   배점 8

연 습 란

※ 다음 여백은 계산 연습란으로 사용하십시오.

3. 제4류 위험물이며, 무색투명한 액체로서 분자량이 58, 인화점이 -37℃, 용기 및 밸브는 구리, 은, 수은, 마그네슘 및 이외의 합금을 사용하지 아니하는 위험물에 대하여 다음 물음에 답하시오.

    (1) 화학식을 쓰시오.

    (2) 지정수량을 쓰시오.

4. 다음 표에 위험물 운반에 관한 혼재기준에 맞게 빈칸을 ○, ×로 채워 넣으시오.

위험물의 유별	제1류	제2류	제3류	제4류	제5류	제6류
제1류						
제2류						
제3류						
제4류						
제5류						
제6류						

5. 다음 위험물에 대한 설명 중 빈칸에 알맞은 말을 쓰시오.

    - 제4류 위험물은 불티·불꽃·고온체와의 접근 또는 과열을 피하고 함부로 (①)를 발생시키지 아니하여야 한다.
    - 제6류 위험물은 가연물과의 접촉·혼합이나 분해를 촉진하는 물품과의 접근 또는 (②)을 피하여야 한다.

연 습 란

※ 다음 여백은 계산 연습란으로 사용하십시오.

6. 건축면적이 450m²이고 외벽이 내화구조인 위험물 제조소의 소요단위를 구하시오.

7. 다음 위험물에 대한 설명 중 빈칸에 알맞은 말을 쓰시오. ★빈출

   "제1석유류"라 함은 아세톤, 휘발유 그 밖에 1기압에서 인화점 섭씨 (   )도 미만인 것을 말한다.

8. 제2류 위험물에 대한 설명으로 옳은 것을 모두 골라 쓰시오.

   ① 대부분 수용성이다.
   ② 대부분 비중이 1보다 작다.
   ③ 모두 산화제이다.
   ④ 황화인, 적린, 황은 위험등급 Ⅱ이다.
   ⑤ 고형알코올은 가연성 고체에 포함되며, 지정수량이 1,000kg이다.

연 습 란

※ 다음 여백은 계산 연습란으로 사용하십시오.

9. 질산이 햇빛에 의해 분해되어 이산화질소를 발생하는 분해반응식을 쓰시오.

10. 다음 [보기]에서 설명하는 위험물의 유별 또는 품명을 4가지 쓰시오.
    ─────[보기]─────
    위험물을 운반할 때 차광성이 있는 피복으로 덮어야 하는 위험물

11. 위험등급 I 에 해당하는 제3류 위험물의 품명 3가지를 다음 [보기]에서 골라 쓰시오.
    ─────[보기]─────
    알킬알루미늄, 알킬리튬, 나트륨, 칼륨, 황린

연 습 란

※ 다음 여백은 계산 연습란으로 사용하십시오.

12. 염소산칼륨에 대하여 다음 물음에 답하시오.

    (1) 완전분해반응식

    (2) 염소산칼륨 24.5kg이 표준상태에서 완전분해 시 생성되는 산소의 부피(m³)

13. 다음 위험물이 분해하여 발생하는 산소의 부피가 큰 것부터 작은 것 순으로 쓰시오.

    ① 과염소산암모늄
    ② 염소산칼륨
    ③ 염소산암모늄
    ④ 과염소산나트륨

연 습 란

※ 다음 여백은 계산 연습란으로 사용하십시오.

위험물산업기사 실기[필답형] 모의고사 정답 및 해설

국가기술자격 제1회 실기 모의고사

1 $2KClO_3 \rightarrow 2KCl + 3O_2$

- 염소산칼륨의 분해반응식: $2KClO_3 \rightarrow 2KCl + 3O_2$
- 염소산칼륨은 열분해하여 염화칼륨과 산소를 생성한다.

2 1m

옥외탱크저장소의 위치, 구조 및 설비의 기준(위험물안전관리법 시행규칙 별표 6)
높이가 1m를 넘는 방유제 및 간막이 둑의 안팎에는 방유제 내에 출입하기 위한 계단 또는 경사로를 약 50m마다 설치해야 한다.

3 (1) 제3종 분말 소화약제   (2) $NH_4H_2PO_4$

분말 소화약제의 종류

약제명	주성분	분해식	색상	적응화재
제1종	탄산수소나트륨	$2NaHCO_3 \rightarrow Na_2CO_3 + CO_2 + H_2O$	백색	BC
제2종	탄산수소칼륨	$2KHCO_3 \rightarrow K_2CO_3 + CO_2 + H_2O$	보라색 (담회색)	BC
제3종	인산암모늄	1차: $NH_4H_2PO_4 \rightarrow NH_3 + H_3PO_4$ 2차: $NH_4H_2PO_4 \rightarrow NH_3 + HPO_3 + H_2O$	담홍색	ABC
제4종	탄산수소칼륨+요소	-	회색	BC

- 인산암모늄은 열분해하여 암모니아, 메타인산, 물을 생성한다.

4

위험물의 구분	제1류	제2류	제3류	제4류	제5류	제6류
제1류		×	×	×	×	○
제2류	×		×	○	○	×
제3류	×	×		○	×	×
제4류	×	○	○		○	×
제5류	×	○	×	○		×
제6류	○	×	×	×	×	

위험물 혼재기준(지정수량 1/10배 초과)(위험물안전관리법 시행규칙 별표 19)

1	6		혼재 가능
2	5	4	혼재 가능
3	4		혼재 가능

5 CO, H_2, N_2

- 트라이나이트로톨루엔의 열분해반응식: $2C_6H_2(NO_2)_3CH_3 \rightarrow 2C + 3N_2 + 5H_2 + 12CO$
- 트라이나이트로톨루엔은 열분해하여 탄소, 질소, 수소, 일산화탄소를 생성한다.

6 C₂H₅OC₂H₅

- $2C_2H_5OH \xrightarrow{H_2SO_4} C_2H_5OC_2H_5 + H_2O$
- 에틸알코올과 황산의 반응은 탈수 반응으로 진행되고 지정수량 50L의 특수인화물인 다이에틸에터가 생성된다.

7 (1) 물기엄금 (2) 화기주의 (3) 화기엄금

위험물 유별 운반용기 외부 주의사항 및 게시판(위험물안전관리법 시행규칙 별표 4, 별표 19)

유별	종류	운반용기 외부 주의사항	게시판
제1류	알칼리금속과산화물	가연물접촉주의, 화기·충격주의, 물기엄금	물기엄금
	그 외	가연물접촉주의, 화기·충격주의	-
제2류	철분, 금속분, 마그네슘	화기주의, 물기엄금	화기주의
	인화성 고체	화기엄금	화기엄금
	그 외	화기주의	화기주의
제3류	자연발화성 물질	화기엄금, 공기접촉엄금	화기엄금
	금수성 물질	물기엄금	물기엄금
제4류	-	화기엄금	화기엄금
제5류	-	화기엄금, 충격주의	화기엄금
제6류	-	가연물접촉주의	-

- 과산화나트륨은 제1류 위험물 중 알칼리금속과산화물로 물기엄금을 게시한다.
- 황은 제2류 위험물 중 그 외에 속하므로 화기주의를 게시한다.
- 트라이나이트로톨루엔은 제5류 위험물로 화기엄금을 게시한다.

8 (2) 제2류 위험물 중 인화성 고체 (4) 제4류 위험물

- 불활성 가스 소화설비는 산소 차단이 효과적인 물질(예 인화성 고체, 인화성 액체)에 적합하다. 하지만 자체적으로 산소를 방출하거나 반응 특성이 강한 물질(예 산화성 물질, 자연발화성 물질)에는 효과가 제한적이므로 주의해야 한다.
- 위험물 유별 운반용기 외부 주의사항과 게시판 및 소화방법

유별	종류	운반용기 외부 주의사항	게시판	소화방법
제1류	알칼리금속의 과산화물	가연물접촉주의, 화기·충격주의, 물기엄금	물기엄금	주수금지
	그 외	가연물접촉주의, 화기·충격주의	-	주수소화
제2류	철분, 금속분, 마그네슘	화기주의, 물기엄금	화기주의	주수금지
	인화성 고체	화기엄금	화기엄금	주수소화 질식소화
	그 외	화기주의	화기주의	주수소화
제3류	자연발화성 물질	화기엄금, 공기접촉엄금	화기엄금	주수소화
	금수성 물질	물기엄금	물기엄금	주수금지
제4류	-	화기엄금	화기엄금	질식소화
제5류	-	화기엄금, 충격주의	화기엄금	주수소화
제6류	-	가연물접촉주의	-	주수소화

- 불활성 가스 소화설비는 질식소화에 적응성이 있는 위험물에 사용할 수 있다.

9 ① 인화성 고체 ② 특수인화물 ③ 제1석유류

위험물별 정의(위험물안전관리법 시행령 별표 1)
- 인화성 고체라 함은 고형알코올 그 밖에 1기압에서 인화점이 섭씨 40도 미만인 고체를 말한다.
- 특수인화물이라 함은 이황화탄소, 다이에틸에터 그 밖에 1기압에서 발화점이 섭씨 100도 이하인 것 또는 인화점이 섭씨 영하 20도 이하이고 비점이 섭씨 40도 이하인 것을 말한다.
- 제1석유류라 함은 아세톤, 휘발유 그 밖에 1기압에서 인화점이 섭씨 21도 미만인 것을 말한다.

10 (1) $\pi \times 1^2 \times (3 + \dfrac{1.5 + 1.5}{3}) = 12.57 m^3$ (2) $12.57 m^3$

- 탱크용량 = 탱크내용적 - 공간용적 = (탱크의 내용적) × (1 - 공간용적비율)
- $V = \pi r^2 (l + \dfrac{l_1 + l_2}{3})(1 - 공간용적)$
- 원의 면적 × (가운데 체적길이 + $\dfrac{양끝\ 체적길이\ 합}{3}$) × (1 - 공간용적)
- $\pi \times 1^2 \times (3 + \dfrac{1.5 + 1.5}{3}) = 12.57 m^3$

11 H_3PO_4, H_2S

- 오황화인과 물의 반응식: $P_2S_5 + 8H_2O \rightarrow 2H_3PO_4 + 5H_2S$
- 오황화인은 물과 반응하여 인산과 황화수소를 생성한다.

12 20배

제조소의 위치, 구조 및 설비의 기준(위험물안전관리법 시행규칙 별표 4)
배출능력은 1시간당 배출장소 용적의 20배 이상인 것으로 하여야 한다.

13 (1) [피크린산 구조식] (2) 10kg(제1종)

(1) 피크린산은 페놀의 수산기(OH)에 세 개의 나이트로(NO_2) 그룹이 치환된 구조를 가진다.
(2) 피크린산($C_6H_2(NO_2)_3OH$)은 제5류 위험물로 지정수량 10kg(제1종)이다.

14 (1) 50L (2) $CS_2 + 3O_2 \rightarrow CO_2 + 2SO_2$

(1) 이황화탄소의 지정수량
    이황화탄소는 제4류 위험물 중 특수인화물로 지정수량은 50L이다.
(2) 이황화탄소의 연소반응식
    - $CS_2 + 3O_2 \rightarrow CO_2 + 2SO_2$
    - 이황화탄소는 연소하여 이산화탄소와 이산화황을 생성한다.

국가기술자격 제2회 실기 모의고사

1 $NH_4H_2PO_4 \rightarrow NH_3 + H_3PO_4$

분말 소화약제의 종류

약제명	주성분	분해식	색상	적응화재
제1종	탄산수소나트륨	$2NaHCO_3 \rightarrow Na_2CO_3 + CO_2 + H_2O$	백색	BC
제2종	탄산수소칼륨	$2KHCO_3 \rightarrow K_2CO_3 + CO_2 + H_2O$	보라색 (담회색)	BC
제3종	인산암모늄	1차: $NH_4H_2PO_4 \rightarrow NH_3 + H_3PO_4$ 2차: $NH_4H_2PO_4 \rightarrow NH_3 + HPO_3 + H_2O$	담홍색	ABC
제4종	탄산수소칼륨+요소	–	회색	BC

- $NH_4H_2PO_4 \rightarrow NH_3 + H_3PO_4$
- 인산암모늄은 1차 열분해하여 암모니아와 인산을 생성한다.

2 (1) 3m 이상 (2) 9m 이상

옥외저장소의 보유공지(위험물안전관리법 시행규칙 별표 11)

저장 또는 취급하는 위험물의 최대수량	공지의 너비
지정수량의 10배 이하	3m 이상
지정수량의 10배 초과 20배 이하	5m 이상
지정수량의 20배 초과 50배 이하	9m 이상
지정수량의 50배 초과 200배 이하	12m 이상
지정수량의 200배 초과	15m 이상

3 (1) 흑색 (2) 황색

게시판 종류별 바탕색 및 문자색

종류	바탕색	문자색
위험물제조소등	백색	흑색
위험물	흑색	황색
주유 중 엔진정지	황색	흑색
화기엄금	적색	백색
물기엄금	청색	백색

4 (1) PH_3 (2) H_2 (3) $3C_2H_6$

(1) 인화알루미늄과 물의 반응식
- $AlP + 3H_2O \rightarrow Al(OH)_3 + PH_3$
- 인화알루미늄은 물과 반응하여 수산화알루미늄과 포스핀을 발생한다.

(2) 칼륨과 물의 반응식
- $2K + 2H_2O \rightarrow 2KOH + H_2$
- 칼륨은 물과 반응하여 수산화칼륨과 수소를 발생한다.

(3) 트라이에틸알루미늄과 물의 반응식
- $(C_2H_5)_3Al + 3H_2O \rightarrow Al(OH)_3 + 3C_2H_6$
- 트라이에틸알루미늄은 물과 반응하여 수산화알루미늄과 에탄을 발생한다.

5 $Al(OH)_3$, CH_4

- 탄화알루미늄과 물의 반응식: $Al_4C_3 + 12H_2O \rightarrow 4Al(OH)_3 + 3CH_4$
- 탄화알루미늄은 물과 반응하여 수산화알루미늄과 메탄을 발생한다.

6 (1) $Ca_3P_2 + 6H_2O \rightarrow 3Ca(OH)_2 + 2PH_3$

(2) 가연성의 포스핀가스 발생

- 인화칼슘과 물의 반응식: $Ca_3P_2 + 6H_2O \rightarrow 3Ca(OH)_2 + 2PH_3$
- 인화칼슘은 물과 반응하여 수산화칼슘과 유독하고 가연성인 포스핀가스를 발생하므로 물과 접촉하면 안 된다.

7 다이에틸에터, 산화프로필렌, 이황화탄소, 아세톤

위험물	품명	인화점(℃)
이황화탄소	특수인화물(비수용성)	-30
다이에틸에터	특수인화물(수용성)	-45
아세톤	제1석유류(수용성)	-18
산화프로필렌	특수인화물(수용성)	-37

8 14배

- 위험물별 지정수량

위험물	지정수량(L)
특수인화물	50
제1석유류(수용성)	400
제2석유류(수용성)	2,000
제3석유류(수용성)	4,000
제4석유류(수용성)	6,000

- $\dfrac{200}{50} + \dfrac{400}{400} + \dfrac{4,000}{2,000} + \dfrac{12,000}{4,000} + \dfrac{24,000}{6,000} = 14$배

9 (1) 시성식: CH_3CHO (2) 증기비중: 1.52

(1) 아세트알데하이드의 화학식

- 에틸렌과 산소의 반응식(염화구리 촉매 하): $C_2H_4 + \dfrac{1}{2}O_2 \xrightarrow{CuCl_2} CH_3CHO$

  에틸렌(C_2H_4)과 산소(O_2)가 염화구리($CuCl_2$)를 촉매로 반응하면, 이는 에틸렌의 산화 반응을 나타내고 산화반응 결과 아세트알데하이드(CH_3CHO)가 생성된다.
- 아세트알데하이드는 인화점이 -38℃, 비점이 21℃인 특수인화물이다.

(2) 아세트알데하이드의 증기비중

- 증기비중 = $\dfrac{\text{아세트알데하이드}(CH_3CHO)\text{의 분자량}}{\text{공기의 평균 분자량}} = \dfrac{12 + (1 \times 3) + 12 + 1 + 16}{29} = \dfrac{44}{29} = 1.52$
- 아세트알데하이드의 산화반응: $2CH_3CHO + O_2 \rightarrow 2CH_3COOH$
  아세트알데하이드는 산소에 의해 산화되어 아세트산(초산)이 발생된다.

10

피크린산: $C_6H_2(NO_2)_3OH$

11 (1) 제2류 위험물 (2) 인화성 고체 (3) 1,000kg

위험물 및 지정수량(위험물안전관리법 시행령 별표 1)
- 인화성 고체라 함은 고형알코올 그 밖에 1기압에서 인화점이 섭씨 40도 미만인 고체를 말한다.
- 인화성 고체는 제2류 위험물이며 지정수량 1,000kg이다.

12 (1) 30℃ 이하 (2) 15℃ 이하 (3) 30℃ 이하

아세트알데하이드등의 저장기준(위험물안전관리법 시행규칙 별표 18)

위험물 종류		옥외저장탱크, 옥내저장탱크, 지하저장탱크		이동저장탱크	
		압력탱크 외	압력탱크	보냉장치 ×	보냉장치 ○
아세트알데하이드등	아세트알데하이드	15℃ 이하	40℃ 이하		비점 이하
	산화프로필렌	30℃ 이하			
	다이에틸에터등	30℃ 이하			

13 위험물산업기사, 위험물기능장, 초음파비파괴검사기사·산업기사

탱크시험자의 필수인력(위험물안전관리법 시행령 별표 7)
- 위험물기능장·위험물산업기사 또는 위험물기능사 중 1명 이상
- 비파괴검사기술사 1명 이상 또는 초음파비파괴검사·자기비파괴검사 및 침투비파괴검사별로 기사 또는 산업기사 각 1명 이상

국가기술자격 제3회 실기 모의고사

1 $NH_4N_2PO_4$

분말 소화약제의 종류

약제명	주성분	분해식	색상	적응화재
제1종	탄산수소나트륨	$2NaHCO_3 \rightarrow Na_2CO_3 + CO_2 + H_2O$	백색	BC
제2종	탄산수소칼륨	$2KHCO_3 \rightarrow K_2CO_3 + CO_2 + H_2O$	보라색 (담회색)	BC
제3종	인산암모늄	1차: $NH_4H_2PO_4 \rightarrow NH_3 + H_3PO_4$ 2차: $NH_4H_2PO_4 \rightarrow NH_3 + HPO_3 + H_2O$	담홍색	ABC
제4종	탄산수소칼륨+요소	-	회색	BC

2 ① 98 ② 55 ③ 95

위험물의 운반에 관한 기준(위험물안전관리법 시행규칙 별표 19)
- 고체위험물은 운반용기 내용적의 95% 이하의 수납율로 수납할 것
- 액체위험물은 운반용기 내용적의 98% 이하의 수납율로 수납하되, 55도의 온도에서 누설되지 아니하도록 충분한 공간용적을 유지하도록 할 것

3 (1) H_2 (2) MgO

(1) 마그네슘과 황산의 반응식
- $Mg + H_2SO_4 \rightarrow MgSO_4 + H_2$
- 마그네슘은 황산과 반응하여 황산마그네슘과 수소를 발생한다.

(2) 마그네슘의 연소반응식
- $2Mg + O_2 \rightarrow 2MgO$
- 마그네슘은 연소하여 산화마그네슘을 생성한다.

4 $110m^3$

위험물제조소의 방유제 용량 계산식
탱크 2기인 경우 = (최대 탱크 용량 × 0.5) + (나머지 탱크 용량 × 0.1)
= $(200m^3 × 0.5) + (100m^3 × 0.1) = 110m^3$

5 제2류 위험물, 제3류 위험물, 제5류 위험물

- 휘발유는 제4류 위험물이다.
- 위험물 혼재기준(지정수량 1/10배 초과)(위험물안전관리법 시행규칙 별표 19)

1	6		혼재 가능
2	5	4	혼재 가능
3	4		혼재 가능

6 (1) 아마인유, 들기름   (2) 쌀겨기름, 목화씨기름   (3) 야자유, 피마자유

아이오딘값에 따른 동식물유류의 구분

품명	아이오딘값	종류
건성유	130 이상	대구유, 정어리유, 상어유, 해바라기유, 동유, 아마인유, 들기름
반건성유	100 초과 130 미만	면실유, 청어유, 쌀겨유, 옥수수유, 채종유, 참기름, 콩기름
불건성유	100 이하	소기름, 돼지기름, 고래기름, 올리브유, 팜유, 땅콩기름, 피마자유, 야자유

7 이황화탄소, 초산에틸, 클로로벤젠, 글리세린

위험물	품명	인화점(℃)
글리세린	제3석유류(수용성)	160
클로로벤젠	제2석유류(비수용성)	32
초산에틸	제1석유류(비수용성)	-3
이황화탄소	특수인화물(비수용성)	-30

8 리튬

리튬의 특징
- 비중이 0.53으로 금속 중 가장 가벼운 경금속이며, 융점이 180℃로 낮아 가공이 쉽다.
- 은백색의 연한 금속으로, 가벼운 무게와 높은 에너지 효율 덕분에 2차 전지(리튬이온 배터리)의 음극 소재로 사용된다.
- 스마트폰, 전기자동차 등 첨단 기술에서 필수적인 원소이다.

9 4.107g/L

- 각 원소의 원자량을 구해 톨루엔의 분자량을 구한다.
- 탄소(C): 12g/mol
- 수소(H): 1g/mol
- 톨루엔($C_6H_5CH_3$) 분자량: $(12 \times 7) + (1 \times 8) = 92$g/mol
- 증기밀도: $\dfrac{분자량}{22.4} = \dfrac{92}{22.4} = 4.107$g/L이다. [*표준상태: 0℃, 1기압]

10 (1) 아세트알데하이드   (2) CH_3CHO

아세트알데하이드(CH_3CHO) - 제4류 위험물
- 아세트알데하이드(CH_3CHO)는 제4류 위험물 중 특수인화물로 무색의 액체이며, 인화점은 -38℃이다.
- 아세트알데하이드는 환원성 알데하이드이기 때문에 은거울반응을 일으키며, 반응 과정에서 알데하이드가 카복실산으로 산화되고, 질산은($AgNO_3$)이 금속 은으로 환원되어 거울 같은 은 표면을 형성한다.
- 아세트알데하이드는 물, 에테르, 알코올 등에 잘 녹는다.
- 아세트알데하이드는 저장 시 구리, 은, 수은, 마그네슘 등으로 만든 용기 사용하지 않고, 스테인리스강이나 특수 코팅된 용기에 저장한다.
- 아세트알데하이드는 낮은 인화점과 높은 증기압 때문에 가연성 및 폭발 위험이 높은 물질로 분류된다.

11 질소(N)의 함량: 35wt%   수소(H)의 함량: 5wt%

- 질산암모늄의 화학식: NH_4NO_3
- 각 원소의 원자량을 구해 질산암모늄의 분자량을 구한다.
- 질소(N): 14g/mol
- 수소(H): 1g/mol

- 산소(O): 16g/mol
- 분자량 = (14 × 2) + (1 × 4) + (16 × 3) = 80g/mol
- 질소(N)의 질량 비율
  - 질소는 2개의 원자를 포함하므로, 총 질량은 14g/mol × 2 = 28g/mol이다.
  - 질소의 wt% = $\frac{\text{질소의 질량}}{\text{분자량}} \times 100 = \frac{28}{80} \times 100 = 35\text{wt}\%$
- 수소(H)의 질량 비율
  - 수소는 4개의 원자를 포함하므로, 총 질량은 1g/mol × 4 = 4g/mol이다.
  - 수소의 wt% = $\frac{\text{수소의 질량}}{\text{분자량}} \times 100 = \frac{4}{80} \times 100 = 5\text{wt}\%$

12 아세트산, 포름산

제2석유류(등유, 경유 그 밖에 1기압에서 인화점이 섭씨 21도 이상 70도 미만인 것)

품명		지정수량(L)	위험물	분자식
제2석유류	비수용성	1,000	등유	-
			경유	-
			스타이렌	-
			크실렌	-
			클로로벤젠	C_6H_5Cl
	수용성	2,000	아세트산	CH_3COOH
			포름산	$HCOOH$
			하이드라진	N_2H_4

13 $Ca_3P_2 + 6H_2O \rightarrow 3Ca(OH)_2 + 2PH_3$

- 인화칼슘과 물의 반응식: $Ca_3P_2 + 6H_2O \rightarrow 3Ca(OH)_2 + 2PH_3$
- 인화칼슘은 물과 반응하여 수산화칼슘과 포스핀가스를 발생한다.

14 적린, 황, 하이드라진유도체, 하이드록실아민 중 3개

위험물	지정수량(kg)
황	100
나이트로글리세린	10(제1종)
하이드라진유도체	100(제2종)
알칼리토금속	50
철분	500
하이드록실아민	100(제2종)
적린	100

국가기술자격 제4회 실기 모의고사

1 (1) Na_2O_2, O_2 (2) $2Na_2O_2 + 2CO_2 \rightarrow 2Na_2CO_3 + O_2$

(1) 과산화나트륨 분해반응식
- $2Na_2O_2 \rightarrow 2Na_2O + O_2$
- 과산화나트륨은 분해하여 산화나트륨과 산소를 생성한다.

(2) 과산화나트륨과 이산화탄소의 반응식
- $2Na_2O_2 + 2CO_2 \rightarrow 2Na_2CO_3 + O_2$
- 과산화나트륨은 이산화탄소와 반응하여 탄산나트륨과 산소를 발생한다.

2 (1) $2P_2S_5 + 15O_2 \rightarrow 2P_2O_5 + 10SO_2$ (2) 이산화황(SO_2)

- 오황화인의 연소반응식: $2P_2S_5 + 15O_2 \rightarrow 2P_2O_5 + 10SO_2$
  오황화인은 연소하여 오산화인과 이산화황을 생성한다.
- 이산화황(SO_2): 연소 과정에서 방출된 후 대기 중 수증기와 반응하여 황산(H_2SO_4)을 형성하며 산성비를 유발한다.
- 오산화인(P_2O_5): 주로 고체 상태로 남아 대기 중에서는 별다른 환경 영향을 주지 않는다.

3 $2KHCO_3 \rightarrow K_2CO_3 + CO_2 + H_2O$

분말 소화약제의 종류

약제명	주성분	분해식	색상	적응화재
제1종	탄산수소나트륨	$2NaHCO_3 \rightarrow Na_2O + 2CO_2 + H_2O$	백색	BC
제2종	탄산수소칼륨	$2KHCO_3 \rightarrow K_2CO_3 + CO_2 + H_2O$	보라색 (담회색)	BC
제3종	인산암모늄	1차: $NH_4H_2PO_4 \rightarrow NH_3 + H_3PO_4$ 2차: $NH_4H_2PO_4 \rightarrow NH_3 + HPO_3 + H_2O$	담홍색	ABC
제4종	탄산수소칼륨 + 요소	-	회색	BC

4 (1) 350kPa 이상 (2) 260L/min 이상

옥내소화전설비의 설치기준(위험물안전관리법 시행규칙 별표 17)
옥내소화전설비는 각층을 기준으로 하여 당해 층의 모든 옥내소화전(설치개수가 5개 이상인 경우는 5개의 옥내소화전)을 동시에 사용할 경우에 각 노즐끝부분의 방수압력이 350kPa 이상이고 방수량이 1분당 260L 이상의 성능이 되도록 할 것

5 황화인: 100kg, 적린: 100kg, 황: 100kg, 마그네슘: 500kg

제2류 위험물(가연성 고체)

등급	품명	지정수량(kg)	위험물	분자식
II	황화인	100	삼황화인	P_4S_3
			오황화인	P_2S_5
			칠황화인	P_4S_7
	적린		적린	P
	황		황	S

			알루미늄분	Al
III	금속분	500	아연분	Zn
			안티몬	Sb
	철분		철분	Fe
	마그네슘		마그네슘	Mg
	인화성 고체	1,000	고형알코올	-

6 12m 이상

옥외저장소의 보유공지(위험물안전관리법 시행규칙 별표 11)

위험물 최대수량	공지의 너비
지정수량의 10배 이하	3m 이상
지정수량의 10배 초과 20배 이하	5m 이상
지정수량의 20배 초과 50배 이하	9m 이상
지정수량의 50배 초과 200배 이하	12m 이상
지정수량의 200배 초과	15m 이상

7 $7,850m^3$

종으로 설치한 원형 탱크 내용적 공식

$V = \pi r^2 l$
 $= \pi \times 10^2 \times 25 = 7,850 m^3$

8 (1) [구조식]   (2) 10kg(제1종)

트라이나이트로페놀 - 제5류 위험물

명칭	트라이나이트로페놀(피크린산)
품명	나이트로화합물
지정수량	10kg(제1종)
분자식	$C_6H_2(NO_2)_3OH$
구조식	[구조식]
일반적 성질	황산과 질산의 혼산으로 나이트로화하여 제조한 것 물에는 녹지 않지만 알코올, 에테르, 벤젠에는 잘 녹음 쓴맛이 있고, 독성이 있음

9 9배

- 위험물별 지정수량

위험물	품명	지정수량(L)
메틸에틸케톤	제1석유류(비수용성)	200
메틸알코올	알코올류	400
클로로벤젠	제2석유류(수용성)	1,000

- 지정수량 배수: $\dfrac{\text{저장량}}{\text{지정수량}}$

- 지정수량 배수의 합: $\dfrac{1{,}000L}{200L} + \dfrac{1{,}000L}{400L} + \dfrac{1{,}500L}{1{,}000L} = 9$배

10 ① 3.2mm, ② 70kPa, ③ 1.5배, ④ 10분

이동저장탱크의 구조(위험물안전관리법 시행규칙 별표 10)
- 탱크(맨홀 및 주입관의 뚜껑을 포함한다)는 두께 3.2mm 이상의 강철판 또는 이와 동등 이상의 강도·내식성 및 내열성이 있다고 인정하여 소방청장이 정하여 고시하는 재료 및 구조로 위험물이 새지 아니하게 제작할 것
- 압력탱크(최대상용압력이 46.7kPa 이상인 탱크를 말한다) 외의 탱크는 70kPa의 압력으로, 압력탱크는 최대상용압력의 1.5배의 압력으로 각각 10분간의 수압시험을 실시하여 새거나 변형되지 아니할 것. 이 경우 수압시험은 용접부에 대하여 비파괴시험과 기밀시험으로 대신할 수 있다.

11 초산에틸, 메틸알코올, 나이트로벤젠, 에틸렌글리콜

위험물	품명	인화점(℃)
초산에틸	제1석유류(비수용성)	-3
메틸알코올	알코올류	11
나이트로벤젠	제3석유류(비수용성)	88
에틸렌글리콜	제3석유류(수용성)	120

12 (1) $CaC_2 + 2H_2O \rightarrow Ca(OH)_2 + C_2H_2$ (2) 아세틸렌 (3) 2.5 ~ 81% (4) $2C_2H_2 + 5O_2 \rightarrow 4CO_2 + 2H_2O$

(1) 탄화칼슘과 물의 반응식
- $CaC_2 + 2H_2O \rightarrow Ca(OH)_2 + C_2H_2$

(2) 탄화칼슘은 물과 반응하여 수산화칼슘과 아세틸렌을 발생한다.

(3) 아세틸렌(C_2H_2)의 연소범위는 2.5~81%이다.

(4) 아세틸렌의 연소반응식
- $2C_2H_2 + 5O_2 \rightarrow 4CO_2 + 2H_2O$
- 아세틸렌은 연소하여 이산화탄소와 물을 생성한다.

13 (1) 화기엄금 (2) 물기엄금 (3) 화기엄금 (4) 가연물접촉주의

위험물 유별 운반용기 외부 주의사항과 게시판(위험물안전관리법 시행규칙 별표 4, 별표 19)

유별	종류	운반용기 외부 주의사항	게시판
제1류	알칼리금속의 과산화물	가연물접촉주의, 화기·충격주의, 물기엄금	물기엄금
	그 외	가연물접촉주의, 화기·충격주의	-
제2류	철분, 금속분, 마그네슘	화기주의, 물기엄금	화기주의
	인화성 고체	화기엄금	화기엄금
	그 외	화기주의	화기주의
제3류	자연발화성 물질	화기엄금, 공기접촉엄금	화기엄금
	금수성 물질	물기엄금	물기엄금
제4류	-	화기엄금	화기엄금
제5류		화기엄금, 충격주의	화기엄금
제6류		가연물접촉주의	-

국가기술자격 제5회 실기 모의고사

1 23.4m³

옥내소화전 수원의 수량을 구하기 위해 다음의 식을 이용한다.
- 수원의 양(Q) = 설치개수(최대 5개) × 7.8m³
- 옥내소화전설비를 3개 설치하였으므로 3 × 7.8m³ = 23.4m³이다.

2 ①, ⑤

② 제4류 위험물은 인화성 액체이므로 대부분이 비수용성 물질이다.
③ 등유와 경유 같은 물질은 비중이 1보다 작아 물에 뜨는 성질을 가지고 있다.
④ 제4류 위험물은 인화성 액체이므로 산화제가 될 수 없다.

3 $KClO_4 \rightarrow KCl + 2O_2$

- 과염소산칼륨의 분해반응식: $KClO_4 \rightarrow KCl + 2O_2$
- 과염소산칼륨은 분해하여 염화칼륨과 산소를 생성한다.

4 (1) $4K + 3CO_2 \rightarrow 2K_2CO_3 + C$ (2) $2K + 2C_2H_5OH \rightarrow 2C_2H_5OK + H_2$

(1) 칼륨과 이산화탄소의 반응식
- $4K + 3CO_2 \rightarrow 2K_2CO_3 + C$
- 칼륨은 이산화탄소와 반응하여 탄산칼륨과 탄소를 발생한다.

(2) 칼륨과 에틸알코올의 반응식
- $2K + 2C_2H_5OH \rightarrow 2C_2H_5OK + H_2$
- 칼륨은 에틸알코올과 반응하여 칼륨에틸레이트와 수소를 발생한다.

5 ① 수은 ② 마그네슘

아세트알데하이드등을 저장 또는 취급하는 이동탱크저장소(위험물안전관리법 시행규칙 별표 10)
- 이동저장탱크는 불활성의 기체를 봉입할 수 있는 구조로 할 것
- 이동저장탱크 및 그 설비는 은·수은·동·마그네슘 또는 이들을 성분으로 하는 합금으로 만들지 아니할 것

6 62.12m³

- 이황화탄소의 완전연소반응식: $CS_2 + 3O_2 \rightarrow CO_2 + 2SO_2$
  이황화탄소는 완전연소하여 이산화탄소와 이산화황을 생성한다.
- 이상기체방정식으로 이산화황의 부피를 구하기 위해 $PV = \dfrac{wRT}{M}$의 식을 사용한다.
- 위의 반응식에서 이황화탄소와 이산화황은 1 : 2의 비율로 반응하므로 다음과 같은 식이 된다.

$$V = \dfrac{wRT}{PM} = \dfrac{100\text{kg} \times 0.082 \times 303\text{K}}{1.0526 \times 76\text{kg/mol}} \times \dfrac{2}{1} = 62.12\text{m}^3$$

  - P: 압력(1atm = 760mmHg) → $800\text{mmHg} \times \dfrac{1\text{atm}}{760\text{mmHg}} = 1.0526\text{atm}$
  - w: 질량(kg) → 이황화탄소(CS_2)의 질량 = 100kg
  - M: 분자량 → 이황화탄소(CS_2)의 분자량 = 12 + (32 × 2) = 76kg/kmol
  - R: 기체상수(0.082m³·atm/kmol·K)
  - T: 절대온도(K, 절대온도로 변환하기 위해 273을 더한다) → 30 + 273 = 303K

7 (1) 36wt% 이상   (2) 없음   (3) 비중 1.49 이상

제6류 위험물(산화성 액체)

위험물	화학식	위험물 기준	지정수량
과산화수소	H_2O_2	농도 36wt% 이상	300kg
과염소산	$HClO_4$	-	300kg
질산	HNO_3	비중 1.49 이상	300kg

8 ① 100   ② 20   ③ 40

특수인화물의 정의(위험물안전관리법 시행령 별표 1)
"특수인화물"이라 함은 이황화탄소, 다이에틸에터 그 밖에 1기압에서 발화점이 섭씨 100도 이하인 것 또는 인화점이 섭씨 영하 20도 이하이고 비점이 섭씨 40도 이하인 것을 말한다.

9 제2류 위험물 중 인화성 고체, 제4류 위험물

- 불활성 가스 소화설비에 적응성이 있는 위험물은 주로 산소 농도를 낮춰 소화 효과를 발휘하는 방식이므로, 산소와의 반응을 억제하거나 연소를 방지할 수 있는 물질에 적합하다.
- 제2류 인화성 고체와 제4류 인화성 액체는 연소 과정에서 산소와의 결합이 필수적이므로, 불활성 가스를 사용하면 산소 농도를 떨어뜨려 연소를 멈출 수 있다.

10 (1) 피크린산 또는 트라이나이트로페놀 (2) 100kg

피크린산(트라이나이트로페놀) – 제5류 위험물
- 휘황색의 결정체
- 비중: 약 1.8
- 제5류 위험물에 속하며, 자기반응성 물질로서 폭발 위험이 있음
- 물과의 반응성이 크지 않지만, 금속과 접촉 시 금속 피크레이트를 형성하여 더 큰 폭발 위험을 초래할 수 있음
- 지정수량: 10kg(제1종)

11 12m 이상

옥외저장소의 보유공지(위험물안전관리법 시행규칙 별표 11)

위험물 최대수량	공지의 너비
지정수량의 10배 이하	3m 이상
지정수량의 10배 초과 20배 이하	5m 이상
지정수량의 20배 초과 50배 이하	9m 이상
지정수량의 50배 초과 200배 이하	12m 이상
지정수량의 200배 초과	15m 이상

12 ① 150 ② 30 ③ 40 ④ 1 ⑤ 50

옥내저장소의 저장창고 기준(위험물안전관리법 시행규칙 별표 5)
저장창고는 150m² 이내마다 격벽으로 완전하게 구획할 것. 이 경우 당해 격벽은 두께 30cm 이상의 철근콘크리트조 또는 철골철근콘크리트조로 하거나 두께 40cm 이상의 보강콘크리트블록조로 하고, 당해 저장창고의 양측의 외벽으로부터 1m 이상, 상부의 지붕으로부터 50cm 이상 돌출하게 하여야 한다.

13 (1) 1,000m² 이상 (2) 6m 이상 (3) 100배 이상

소화난이도등급 I 에 해당하는 제조소등(위험물안전관리법 시행규칙 별표 17)

제조소 등의 구분	제조소등의 규모, 저장 또는 취급하는 위험물의 품명 및 최대수량 등
제조소 일반취급소	연면적 1,000m² 이상인 것
	지정수량의 100배 이상인 것(고인화점위험물만을 100℃ 미만의 온도에서 취급하는 것 및 제48조의 위험물을 취급하는 것은 제외)
	지반면으로부터 6m 이상의 높이에 위험물 취급설비가 있는 것(고인화점위험물만을 100℃ 미만의 온도에서 취급하는 것은 제외)
	일반취급소로 사용되는 부분 외의 부분을 갖는 건축물에 설치된 것(내화구조로 개구부 없이 구획된 것, 고인화점위험물만을 100℃ 미만의 온도에서 취급하는 것 및 별표 16 X의2의 화학실험의 일반취급소는 제외)

국가기술자격 제6회 실기 모의고사

1 ① 6 ② 15 ③ 내화구조 ④ 불연재료 ⑤ 집유설비 ⑥ 0.1

제1종 판매취급소의 시설기준(위험물안전관리법 시행규칙 별표 14)
- 바닥면적은 $6m^2$ 이상 $15m^2$ 이하로 할 것
- 내화구조 또는 불연재료로 된 벽으로 구획할 것
- 바닥은 위험물이 침투하지 아니하는 구조로 하여 적당한 경사를 두고 집유설비를 할 것
- 출입구 문턱의 높이는 바닥면으로부터 $0.1m$ 이상으로 할 것

2 (1) $2(C_2H_5)_3Al + 21O_2 \rightarrow Al_2O_3 + 15H_2O + 12CO_2$ (2) $(C_2H_5)_3Al + 3H_2O \rightarrow Al(OH)_3 + 3C_2H_6$

(1) 트라이에틸알루미늄의 완전연소반응식
- $2(C_2H_5)_3Al + 21O_2 \rightarrow Al_2O_3 + 15H_2O + 12CO_2$
- 트라이에틸알루미늄은 완전연소하여 산화알루미늄, 물, 이산화탄소를 생성한다.

(2) 트라이에틸알루미늄과 물의 반응식
- $(C_2H_5)_3Al + 3H_2O \rightarrow Al(OH)_3 + 3C_2H_6$
- 트라이에틸알루미늄은 물과 반응하여 수산화알루미늄과 에탄을 생성한다.

3 (1) CH_2CHOCH_3 (2) 50L

산화프로필렌(CH_2CHOCH_3) - 제4류 위험물
- 제4류 위험물 중 특수인화물로 지정수량은 50L이다.
- 무색의 휘발성 액체이고 물에 녹는다.
- 인화점이 상온 이하이므로 가연성 증기 발생을 억제하여 보관해야 한다.
- 산화프로필렌의 분자량은 $(12 \times 3) + (1 \times 6) + 16 = 58g/mol$이다.
- 구리(Cu), 마그네슘(Mg), 은(Ag), 수은(Hg)과 반응하면 아세틸라이드를 생성한다.
- 저장용기 내부에는 불연성 가스 또는 수증기 봉입장치를 해야 한다.
- 증기압(538mmHg)이 높고 연소범위(2.8 ~ 37%)가 넓어 위험성이 높다.

4

위험물의 유별	제1류	제2류	제3류	제4류	제5류	제6류
제1류		×	×	×	×	○
제2류	×		×	○	○	×
제3류	×	×		○	×	×
제4류	×	○	○		○	×
제5류	×	○	×	○		×
제6류	○	×	×	×	×	

유별을 달리하는 위험물 혼재기준(지정수량 1/10배 초과)(위험물안전관리법 시행규칙 별표 19)

1	6		혼재 가능
2	5	4	혼재 가능
3	4		혼재 가능

5 ① 증기 ② 과열

위험물의 유별 저장·취급의 공통기준(위험물안전관리법 시행규칙 별표 18)
- 제4류 위험물은 불티·불꽃·고온체와의 접근 또는 과열을 피하고, 함부로 증기를 발생시키지 아니하여야 한다.
- 제6류 위험물은 가연물과의 접촉·혼합이나 분해를 촉진하는 물품과의 접근 또는 과열을 피하여야 한다.

6 4.5소요단위

소화설비 설치기준(위험물안전관리법 시행규칙 별표 17)
- 소요단위(연면적)

구분	외벽 내화구조	외벽 비내화구조
위험물제조소 취급소	100m²	50m²
위험물저장소	150m²	75m²

- 외벽이 내화구조인 위험물제조소의 1소요단위는 100m²이므로 건축면적 450m²일 때는 $\frac{450}{100} = 4.5$이다.

7 21

제1석유류의 정의(위험물안전관리법 시행령 별표 1)
"제1석유류"라 함은 아세톤, 휘발유 그 밖에 1기압에서 인화점이 섭씨 21도 미만인 것을 말한다.

8 ④, ⑤

① 대부분 비수용성이다.
② 대부분 비중이 1보다 크다.
③ 모두 가연성 고체인 환원제이다.

9 $4HNO_3 \rightarrow 2H_2O + 4NO_2 + O_2$

- 질산의 분해반응식: $4HNO_3 \rightarrow 2H_2O + 4NO_2 + O_2$
- 질산은 분해되어 물, 이산화질소, 산소를 발생한다.

10 제1류 위험물, 제3류 위험물 중 자연발화성 물질, 제4류 위험물 중 특수인화물, 제5류 위험물, 제6류 위험물 중 4가지

위험물별 피복 유형(위험물안전관리법 시행규칙 별표 19)

유별	종류	피복
제1류	알칼리금속과산화물	방수성 및 차광성
	그 외	차광성
제2류	철분, 금속분, 마그네슘	방수성
제3류	자연발화성 물질	차광성
	금수성 물질	방수성
제4류	특수인화물	차광성
제5류	-	차광성
제6류		차광성

11 알킬알루미늄, 알킬리튬, 나트륨, 칼륨, 황린 중 3가지

제3류 위험물(자연발화성 및 금수성 물질)

등급	품명	지정수량(kg)	위험물	분자식
I	알킬알루미늄	10	트라이에틸알루미늄	$(C_2H_5)_3Al$
I	칼륨	10	칼륨	K
I	알킬리튬	10	알킬리튬	RLi
I	나트륨	10	나트륨	Na
I	황린	20	황린	P_4
II	알칼리금속 (칼륨, 나트륨 제외)	50	리튬	Li
II	알칼리금속 (칼륨, 나트륨 제외)	50	루비듐	Rb
II	알칼리토금속	50	칼슘	Ca
II	알칼리토금속	50	바륨	Ba
II	유기금속화합물(알킬알루미늄, 알킬리튬 제외)	50	-	-
III	금속의 수소화물	300	수소화칼슘	CaH_2
III	금속의 수소화물	300	수소화나트륨	NaH
III	금속의 인화물	300	인화칼슘	Ca_3P_2
III	칼슘, 알루미늄의 탄화물	300	탄화칼슘	CaC_2
III	칼슘, 알루미늄의 탄화물	300	탄화알루미늄	Al_4C_3

12 (1) $2KClO_3 \rightarrow 2KCl + 3O_2$ (2) $6.72m^3$

(1) 염소산칼륨의 완전분해반응식
- $2KClO_3 \rightarrow 2KCl + 3O_2$
- 염소산칼륨은 완전분해하여 염화칼륨과 산소를 생성한다.

(2) 염소산칼륨 24.5kg이 표준상태에서 완전분해 시 생성되는 산소의 부피(m^3)

- 이상기체방정식을 이용하여 산소의 부피를 구하기 위해 $PV = \dfrac{wRT}{M}$의 식을 사용한다.
- (1)의 반응식을 통해 염소산칼륨과 산소의 반응비는 2 : 3이므로 다음과 같은 식이 된다.

$V = \dfrac{wRT}{PM} = \dfrac{24.5kg \times 0.082 \times 273K}{1 \times 122.5kg/kmol} \times \dfrac{3}{2} = 6.72m^3$

[*표준상태: 0℃, 1기압]
- P: 압력(1atm)
- w: 질량 → 24.5kg
- M: 분자량 → 염소산칼륨($KClO_3$)의 분자량 = 39 + 35.5 + (16 × 3) = 122.5kg/kmol
- V: 부피(m^3)
- R: 기체상수(0.082m^3 · atm/kmol · K)
- T: 절대온도(K, 절대온도로 변환하기 위해 273을 더한다.) → 0 + 273 = 273K

13 ④ → ② → ① → ③

위험물	분해반응식	산소의 부피
과염소산암모늄	$2NH_4ClO_4 \rightarrow N_2 + Cl_2 + 2O_2 + 4H_2O$	1mol
염소산칼륨	$2KClO_3 \rightarrow 2KCl + 3O_2$	1.5mol
염소산암모늄	$2NH_4ClO_3 \rightarrow N_2 + 4H_2O + O_2 + Cl_2$	0.5mol
과염소산나트륨	$NaClO_4 \rightarrow NaCl + 2O_2$	2mol

성공은 결코 우연이 아니다. 성공은 노력, 인내, 학습, 공부, 희생,
그리고 무엇보다도 자신이 하고 있거나 배우고 있는 일에 대한 사랑이다.
(Success is no accident. It is hard work, perseverance, learning, studying, sacrifice and most of all,
love of what you are doing or learning to do.)

펠레(Pele)

성공의 커다란 비결은
결코 지치지 않는 인간으로 인생을 살아가는 것이다.
(A great secret of success is to go through life as a man who never gets used up.)

알버트 슈바이처(Albert Schweitzer)

박문각 자격증 시리즈
위험물산업기사 실기

초판인쇄	2026. 1. 15
초판발행	2026. 1. 20

편 저 자	김연진
발 행 인	박용
출판총괄	김현실
개발책임	이성준
편집개발	김태희, 김지은
마 케 팅	김치환, 최지희
일러스트	㈜ 유미지

발 행 처	㈜ 박문각출판
출판등록	등록번호 제2019-000137호
주 소	06654 서울시 서초구 효령로 283 서경B/D 6층
전 화	(02) 6466-7202
팩 스	(02) 584-2927
홈페이지	www.pmgbooks.co.kr

ISBN	979-11-7519-444-1
	979-11-7519-442-7(세트)
정가	24,000원

저자와의
협의 하에
인지 생략

이 책의 무단 전재 또는 복제 행위는 저작권법 제 136조에 의거, 5년 이하의 징역 또는 5,000만원 이하의 벌금에 처하거나 이를 병과할 수 있습니다.